Günter Born

Herbert Heitmann

Projektaufgaben Maschinenelemente

gestaltet und berechnet

Mit 48 Konstruktionszeichnungen

Vieweg

Anmerkungen zur Auswahl und Reihenfolge der Aufgaben:

Die Aufgabenstellungen sind nach unterschiedlichen Rahmenbedingungen festgelegt. Bei einigen Aufgaben werden die Abmessungen aufgrund von Normen und Erfahrungswerten weitgehend festgelegt und der konstruktive Spielraum dadurch begrenzt. Bei anderen Aufgaben werden nur die Daten gegeben, es wird ein Entwurf angefertigt, und dann gehen Gestaltung und Berechnung Hand in Hand. Bei weiteren Aufgaben wird die Gestaltung durch verbindliche Eckdaten eingeschränkt.

Aufgabe 1 zeigt die ausführliche Lösung einer Konstruktionsaufgabe mit verschiedenen Lösungsmöglichkeiten und ihren Wertungen. Sie kann als *Musteraufgabe* für eine freie Konstruktion angesehen werden. Außerdem werden die Kenntnisse der Mechanik angewendet.

***Aufgaben** 2* bis *6* behandeln *geradverzahnte einstufige Getriebe* mit unterschiedlichem Schwierigkeitsgrad. Es sind bewußt mehrere dieser Aufgaben behandelt worden, um dem Studierenden Übungsmöglichkeiten zu geben.

***Aufgabe** 7* und *8* behandeln *zweistufige Getriebe.* ***Aufgabe** 7 geradverzahnt* und *ohne Profilverschiebung,* ***Aufgabe** 8 schrägverzahnt mit Profilverschiebung* und in der zweiten Stufe zugleich als *Verschieberadgetriebe.* Bei beiden Aufgaben kann zugleich die Wellen- und Lagerberechnung für Kräfte in verschiedenen Richtungen und Ebenen geübt werden.

***Aufgabe** 9* behandelt die *Schraubenberechnung,* die *Nachrechnung der Konsolbleche und der Schweißnähte* für den mehraxialen Spannungszustand.

CIP-Kurztitelaufnahme der Deutschen Bibliothek

Born, Günter
Projektaufgaben Maschinenelemente: gestaltet u. berechnet / Günter Born; Herbert Heitmann.
– 1. Aufl. – Braunschweig: Vieweg, 1978.
(Viewegs Fachbücher der Technik)
ISBN-13: 978-3-528-04065-9 e-ISBN-13: 978-3-322-86165-8
DOI: 10.1007/978-3-322-86165-8

NE: Heitmann, Herbert:

Satz: Vieweg, Braunschweig

Buchbinderische Verarbeitung: W. Langelüddecke, Braunschweig

ISBN-13: 978-3-528-04065-9

Vorwort

Die *Projektaufgaben Maschinenelemente* wollen Lösungswege für die Gestaltung und Berechnung von Konstruktionseinheiten aufzeigen. Der Studierende muß komplexe Aufgabenstellungen analysieren, die einzelnen Rechnungs- und Gestaltungsschritte festlegen und die notwendigen Änderungen sinnvoll durchführen und begründen. Er sollte dabei beachten, daß Maschinenelemente nicht nur beanspruchungsgerecht, sondern z. B. auch kostengerecht, fertigungsgerecht, montagegerecht, formschön und in den richtigen Proportionen zu den anderen Bauteilen gestaltet werden müssen.

In der vorhandenen Literatur über Maschinenelemente werden die einzelnen Maschinenelemente systematisch besprochen, Formeln für die Berechnung entwickelt und Beispiele durchgerechnet oder nur zur Übung angeboten. Jedes Element wird für sich allein betrachtet. Die Aufgabensammlungen stützen dieses Ziel durch Bereitstellung von Übungsmaterial.

In der Praxis müssen jedoch mehrere Maschinenelemente zu einer Baugruppe – einem *Projekt* – verbunden werden und deshalb aufeinander abgestimmt sein. Änderungen eines Teiles müssen bezüglich ihrer Folgewirkungen auf andere Teile durchdacht werden. Außerdem ist man in der Regel durch festliegende Maße anderer Bauteile gestalterisch eingeengt.

Diese bei der Projektbearbeitung auftretenden Wechselwirkungen will das Buch an Beispielen aus der Konstruktionspraxis zeigen und dem Leser Anregungen und Übungsstoff geben für seine eigene Konstruktionsarbeit in der Ausbildung oder im Beruf.

Das Buch eignet sich besonders für die Vorbereitung auf Abschlußprüfungen und Klausuren. Der Studierende sollte möglichst selbständig arbeiten. Die Erläuterung des Lösungsweges und die Lösung der Aufgabe sollten erst gelesen werden, wenn eine Projektaufgabe gelöst ist. Beim Vergleich der eigenen Lösung mit der im Buch vorgestellten Lösung sollte der Studierende seine Abweichungen begründen und entscheiden, ob sie vertretbar sind.

Die Verfasser wünschen, daß ihre Projektaufgaben dem Leser eine wertvolle Hilfe sein werden. Sie sind für Anregungen und Hinweise, die zur Verbesserung und Vervollständigung beitragen könnten, stets dankbar.

Günter Born
Herbert Heitmann

Hamburg, im Januar 1978

Inhaltsverzeichnis

Hinweise zur Lösung der Projektaufgaben 1

1 Schwenkantrieb für Butterfly-Ventile

1.1 Aufgabenstellung 3
1.2 Konstruktive Lösungsmöglichkeiten 3
1.2.1 Mechanischer Handantrieb 3
1.2.2 Hydraulische oder pneumatische Schwenkantriebe 4
1.3 Bewertung der Lösungsmöglichkeiten 5
1.4 Präzisierung der Aufgabe 5
1.5 Lösungshinweise 5
1.6 Lösungen 6
1.6.1 Vorentwurf 7
1.6.2 Zur Mechanik des Schwenkantriebes 7
1.6.3 Vorbestimmung der Antriebswelle 8
1.6.4 Bestimmung des Kolbendurchmessers und des Schwenkabstandes 9
1.6.5 Bestimmung der Kolbenlänge 9
1.6.6 Berechnung des Hebeldurchmessers 10
1.6.7 Berechnung des Antriebsbolzens 10
1.6.8 Bestimmung der Hebellänge 12
1.6.9 Kontrolle der Kolbenlänge 12
1.6.10 Nachrechnung der Antriebswelle 12
1.6.11 Bestimmung der Paßfedern 15
1.6.12 Bestimmung des Lagerwerkstoffes 15
1.6.13 Nachrechnung des Kolbens 16
1.6.14 Bestimmung der Gehäusedicke 18
1.6.15 Berechnung der Deckelschrauben 19
1.6.16 Endgültige Konstruktion 20

2 Eingangsstufe einer landwirtschaftlichen Maschine

2.1 Aufgabenstellung 21
2.2 Lösungshinweise 22
2.3 Lösungen 23
2.3.1 Überschlägige Berechnung der Wellen 23
2.3.2 Vorwahl der Zahnradabmessungen 24
2.3.3 Festlegung der Zahnradabmessungen 25
2.3.4 Berechnung der Zahnfuß-Tragfähigkeit 26
2.3.5 Berechnung der Flanken-Tragfähigkeit 26
2.3.6 Berechnung der Auflagerkräfte, der Biegemomente und der Verformung 27
2.3.7 Nachrechnung der Welle 28
2.3.8 Auswahl der Kupplung und Berechnung der Paßfederverbindung 29
2.3.9 Berechnung der Wälzlager 31
2.3.10 Berechnung der Kegelverbindung 32

3 Antrieb einer Trockentrommel

3.1 Aufgabenstellung 34
3.2 Lösungshinweise 35
3.3 Lösungen 36

3.3.1 Überschlägige Berechnung der Wellen 36
3.3.2 Vorwahl der Zahnradabmessungen 36
3.3.3 Berechnung der Zahnradwerkstoffe 37
3.3.4 Berechnung der Auflagerkräfte, der Biegemomente und der Verformung 38
3.3.5 Nachrechnung der Wellen 40
3.3.6 Berechnung der Wälzlager 42
3.3.7 Berechnung der Paßfederverbindung 43
3.3.8 Nachrechnung der Schweißnähte 44
3.3.9 Berechnung der Preßpassung 44
3.3.10 Berechnung der Kegelverbindung 46
3.3.11 Berechnung der Schraubenverbindung 47

4 Antrieb einer wassergekühlten Walze

4.1 Aufgabenstellung 48
4.2 Lösungshinweise 48
4.3 Lösungen 50
4.3.1 Überschlägige Berechnung der Welle I 50
4.3.2 Vorwahl der Zahnradabmessungen 51
4.3.3 Berechnung der Zahnradwerkstoffe 52
4.3.4 Berechnung der Paßfederverbindung 53
4.3.5 Berechnung der Kegelverbindung 53
4.3.6 Berechnung der Wälzlager 55
4.3.7 Nachrechnung der Welle I 56
4.3.8 Berechnung der Preßpassung 57

5 Antrieb einer Förderbandrolle

5.1 Aufgabenstellung 58
5.2 Lösungshinweise 58
5.3 Lösungen 60
5.3.1 Überschlägige Berechnung des Wellendurchmessers 60
5.3.2 Wahl der Zahnradabmessungen 60
5.3.3 Berechnung der Zahnradwerkstoffe 62
5.3.4 Berechnung der Wälzlager 62
5.3.5 Nachrechnung der Ritzelwelle 63
5.3.6 Berechnung der Paßfederverbindung 64
5.3.7 Berechnung der Preßpassung 64

6 Fahrantrieb eines Laufkranes

6.1 Aufgabenstellung 66
6.2 Lösungshinweise 67
6.3 Lösungen 69
6.3.1 Berechnung der Fahrwerkswelle 69
6.3.2 Berechnung der Lagerabstände und der Lageranzahl 69
6.3.3 Bestimmung der Kupplung für die Fahrwerkswelle 69
6.3.4 Bestimmung des Antriebsritzels 69
6.3.5 Berechnung der Zahnradwerkstoffe 70
6.3.6 Nachrechnung der Fahrwerkswelle 71
6.3.7 Berechnung der Paßfederverbindung 72
6.3.8 Nachrechnung der Laufradachse 72
6.3.9 Berechnung der Wälzlager 74
6.3.10 Berechnung der Flanschschrauben 75

6.3.11 Nachrechnung der Scherbuchse 76
6.3.12 Berechnung der Deckelschrauben 76
6.3.13 Berechnung der Flächenpressung in den Tragblechen 77
6.3.14 Bestimmung der Dichtung und der Schmierung für die Lagerstellen 77

7 Zweistufiges Universalgetriebe in Schweißkonstruktion

7.1 Aufgabenstellung 77
7.2 Lösungshinweise 78
7.3 Lösungen 78
7.3.1 Bestimmung der Übersetzungsverhältnisse . . 78
7.3.2 Überschlägige Wellenberechnung 79
7.3.3 Bestimmung der Zahnradabmessungen 79
7.3.4 Berechnung der Zahnradwerkstoffe 81
7.3.5 Berechnung der Schweißnähte 83
7.3.6 Entwurf des Getriebes 84
7.3.7 Genaue Berechnung der Wellen 85
7.3.8 Berechnung der Wälzlager 88
7.3.9 Berechnung der Paßfederverbindungen . . . 89
7.3.10 Bestimmung des Abtriebzapfens einschließlich der Abdichtung . . 90

8 Getriebe einer Zweigang-Handbohrmaschine

8.1 Aufgabenstellung 90
8.2 Lösungshinweise 90
8.3 Lösungen 92
8.3.1 Entwurfsskizzen 92
8.3.2 Motorwahl 92
8.3.3 Wahl der Übersetzungsverhältnisse 93
8.3.4 Berechnung der ersten schrägverzahnten und profilverschobenen Getriebestufe 93
8.3.5 Berechnung der Verschieberadstufe 100
8.3.6 Entwurf des Getriebes 106
8.3.7 Kontrolle der Zwischenradwelle 106
8.3.8 Nachrechnung der Verschieberadwelle . . . 108
8.3.9 Berechnung der Wälzlager 108
8.3.10 Berechnung der Preßpassung 113

9 Seilrollenkonsole

9.1 Aufgabenstellung 114
9.2 Lösungshinweise 115
9.3 Lösungen 116
9.3.1 Seilberechnung 116
9.3.2 Seilrollendurchmesser und Rillenprofil 117
9.3.3 Seilrollenlagerung 117
9.3.4 Konstruktion der Seilrolle einschließlich Lagerung und Befestigung 118
9.3.5 Nachrechnung der Achse 118
9.3.6 Konstruktion der Konsole 119
9.3.7 Berechnung der Schraubenverbindung . 119
9.3.8 Nachrechnung der Konsolbleche auf Biegung in zwei Ebenen, und auf Zug . 122
9.3.9 Nachrechnung der Schweißnaht auf Biegung in zwei Ebenen, und auf Zug 125

Anhang

Hinweis zur Zahnradberechnung 128
Literaturverzeichnis 129

Hinweise zur Lösung der Projektaufgaben

Zur Lösung der Projektaufgaben sind ein Fachbuch Maschinenelemente, ein Tabellenbuch Metall und ein Wälzlagerkatalog erforderlich[1]). Auf den Wälzlagerkatalog und das Tabellenbuch kann weitgehend verzichtet werden, wenn das Fachbuch einen umfangreichen Tabellenteil enthält.

Bei den Projektaufgaben sind die Einzellösungen voneinander abhängig. Der Lösungsweg ergibt sich häufig aus dem Einfluß, den die zunächst ermittelten Größen auf die weitere Berechnung ausüben. Für ein Getriebe ergibt sich z. B. häufig folgendes Flußbild:

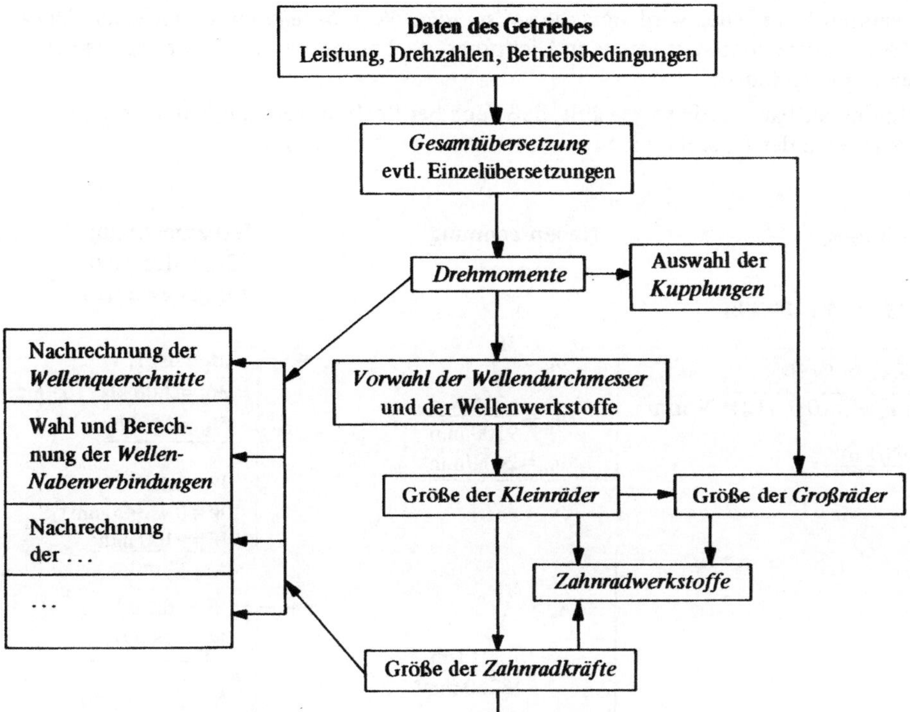

Für jede Aufgabe ist zu prüfen, wieweit ein solches Schema entworfen werden kann. Weitere Hinweise finden Sie in den Erläuterungen zum Lösungsweg der Projektaufgaben.

---

[1]) Die abgedruckten Aufgaben wurden mit Hilfe des Fachbuches Roloff/Matek, Maschinenelemente, Vieweg Verlag, und dem FAG-Wälzlagerkatalog gelöst. Da im Lösungsteil der Projektaufgaben und im Fachbuch sowie im Tabellenanhang des Fachbuches weitgehend die gleichen Überschriften verwendet wurden, ist mit Hilfe der Inhaltsverzeichnisse die Zuordnung leicht möglich.

Bei der aufgezeigten Lösung wurden folgende Grundsätze beachtet:

- *Frei zu wählende Durchmesser* wurden nach DIN 3 und DIN 323 *R 20*, *Längenmaße* nach *R 40*, Freistiche nach DIN 509 Form F und Radien nach DIN 250 (Vorzugsreihe) gewählt.
- Die *Durchmesser* der Lager- und Nabensitze sowie der Dichtring-Laufflächen erhalten eine Toleranz der *5., 6. oder 7. Qualität* und eine hochwertige Oberfläche. Für nicht tolerierte Maße gelten die Freimaßtoleranzen nach DIN 7168, und zwar für Guß- und Schmiedeteile der Genauigkeitsgrad „sehr grob", im übrigen „mittel" (≈ 12. Qualität). Für die *Freistiche und Radien* wird mit der Rauhtiefe $R_t = 16\ \mu m$ gerechnet.
- Bei jeder Teilaufgabe wird kontrolliert, ob die *Funktion* der Baugruppe mit den gewählten Daten einwandfrei erfüllt wird. Wenn die Funktion es erfordert, werden auch gegebene Daten geändert.
- Bei der Auswahl aus Tabellen und DIN–Blättern ist die *Vorzugsreihe* maßgebend. Bei ausgewählten Normteilen wird stets die *vollständige Normbezeichnung* angegeben. Die zu den Maschinenelementen gehörenden Dichtungs-, Sicherungs- und Befestigungselemente werden mit aufgeführt.

Der Rechnungsaufbau wurde so gewählt, daß auch bei Rechnungen, die sich über mehrere Seiten erstrecken, der Überblick nicht verloren geht.

Hauptrechnung	**Nebenrechnung**	**Nebenrechnung** (Ermittlung der Ausgangswerte)
z. B. Vergleichsspannung		
$\sigma_v = \sqrt{\sigma_b^2 + 3\,(\alpha_0\,\tau_t)^2}$	$\sigma_b = \dfrac{M_b}{W}$	$M_b = F_A\,l_{1\,1}$
$\sigma_v = \sqrt{24^2 + 3\,(0{,}7 \cdot 12)^2}\ \text{N/mm}^2$	$\sigma_b = \dfrac{216\ \text{Nm}}{9100\ \text{mm}^3}$	$M_b = 2{,}06\ \text{kN} \cdot 105\ \text{mm}$
$\underline{\underline{\sigma_v = 28\ \text{N/mm}^2}}$	$\underline{\sigma_b = 24\ \text{N/mm}^2}$	$\underline{M_b = 216\ \text{Nm}}$
		$W = 0{,}1\,d^3$
		$W = 0{,}1 \cdot (45\ \text{mm})^3$
		$\underline{W = 9100\ \text{mm}^3}$
	$\tau_t = \dfrac{M_{t\,max}}{W_p}$	$W_p = 0{,}2\,d^3$
	$\tau_t = \dfrac{221\ \text{Nm}}{18200\ \text{mm}^3}$	$\underline{W_p = 18200\ \text{mm}^3}$
	$\underline{\tau_t = 12\ \text{N/mm}^2}$	$M_{t\,max} = c_{SB}\,M_t$
	$\alpha_0 = 0{,}7$	$M_{t\,max} = 2{,}5 \cdot 88{,}4\ \text{N}$
		$\underline{M_{t\,max} = 221\ \text{Nm}}$

Bei der Wertung der vorgegebenen Lösung ist zu beachten, daß auch andere Ergebnisse richtig sein können, da einige der Rechnung zugrunde liegende Größen in bestimmten Grenzen frei gewählt werden können.

1 Schwenkantrieb für Butterfly-Ventile

1.1 Aufgabenstellung

Zur Bewegung von Butterfly-Ventilen an Tankern sollen Schwenkantriebe entwickelt werden. Zum Schließen oder Öffnen der Klappenscheibe ist eine Drehbewegung von 90° und ein Drehmoment von $M_t = 3000$ Nm erforderlich.

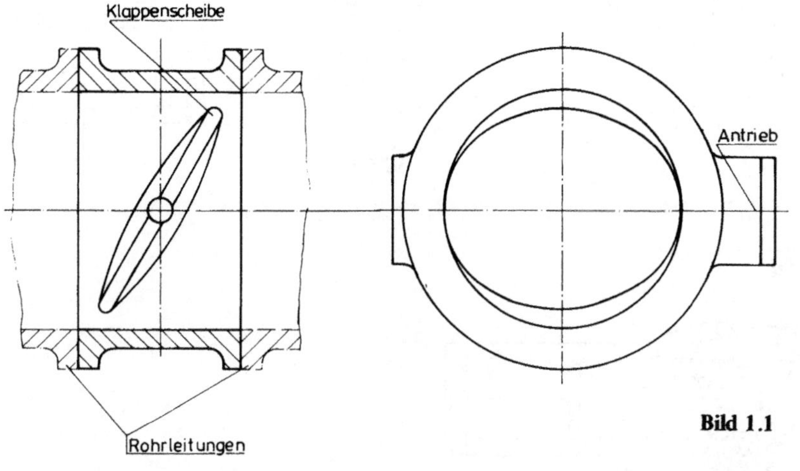

Bild 1.1

1.2 Konstruktive Lösungsmöglichkeiten

1.2.1 Mechanischer Handantrieb

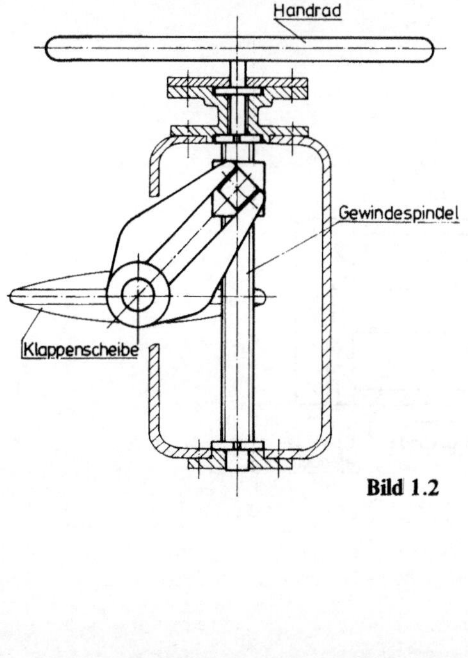

Bild 1.2

1.2.2 Hydraulische oder pneumatische Schwenkantriebe

Zahnkolbenantrieb

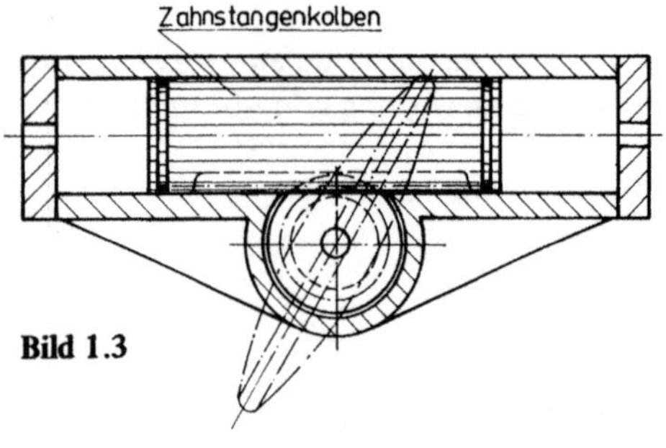

Bild 1.3

Kolben mit Hebelgestänge

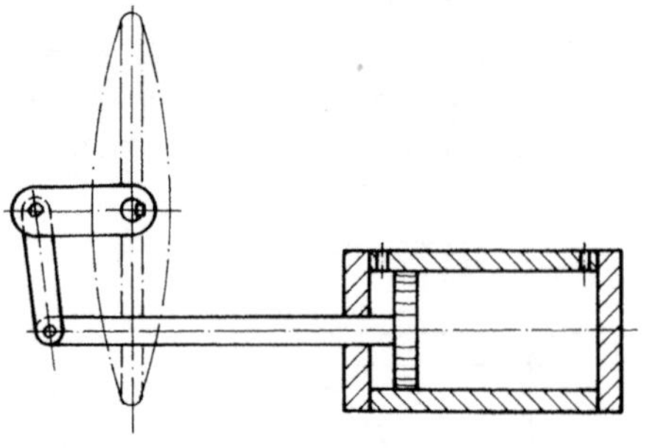

Bild 1.4

Schwenkhebelantrieb

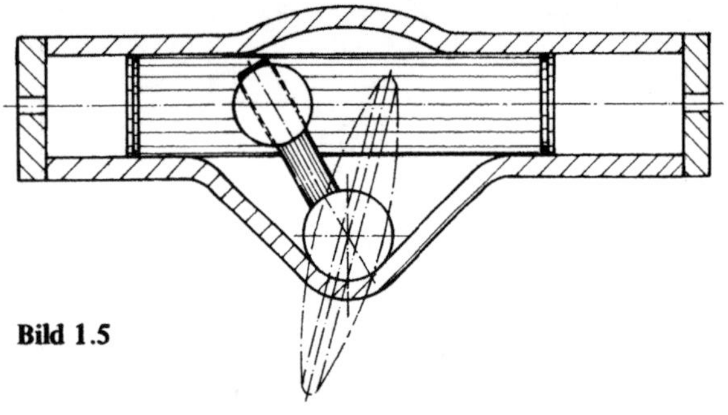

Bild 1.5

Steilgewindeantrieb

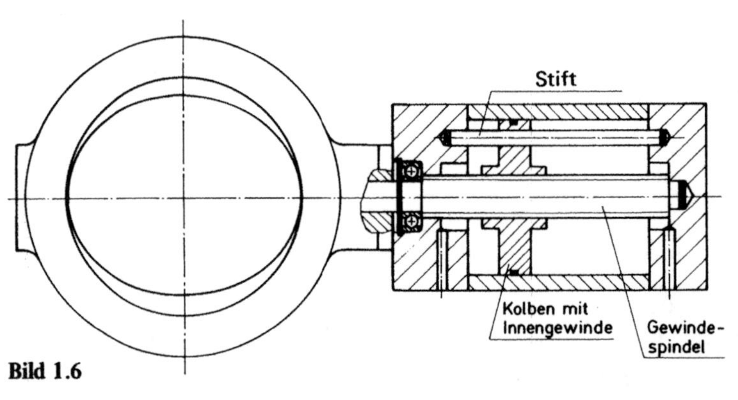

Bild 1.6

1.3 Bewertung der Lösungsmöglichkeiten

Der mechanische Handantrieb ist für geringe Drehmomente und evtl. zur Notbetätigung gut geeignet.

Die bekannteste Bauart von Schwenkantrieben ist die Zahnstangenumlenkung. Durch gegenüberliegende und gegensinnig wirkende Zahnstangen können hohe Drehmomente übertragen werden.

Auch der Kolben mit Hebelgestänge kann große Drehmomente übertragen.

Bei der Bewegung über ein Steilgewinde können große Schwenkwinkel in kurzer Zeit erreicht werden.

Der Schwenkhebelantrieb ist nur für mittlere Drehmomente geeignet, da zur Betätigung keine hohen Drücke verwendet werden können. Bei hohen Drücken wird der Kolbendurchmesser klein, aber die Bauteile (der Hebel) groß.

Wahl des zur Ausführung vorgesehenen Entwurfs: In diesem Buch soll der hydraulische Schwenkhebelantrieb besprochen werden, weil er von der Berechnung her interessanter ist als die anderen Lösungen.

1.4 Präzisierung der Aufgabe

Zur Bewegung von Butterfly-Ventilen an Tankern sollen hydraulische Schwenkhebelantriebe entworfen und berechnet werden. Zum Schließen der Klappenscheibe ist eine Drehbewegung von 90° erforderlich. Dabei wird ein Drehmoment von $M_t = 3000$ Nm an der Antriebswelle des Schwenkmotors benötigt. Zur Verfügung steht eine Druckflüssigkeit von $p = 60$ bar (Betriebsdruck). Da der Kolben gegen den Druck dichtend schließen muß, soll mit einem Wirkungsgrad der Gesamtanlage von $\eta = 80$ % gerechnet werden.

Da die Ventile und ihr Antrieb durch aggressive Medien, wie Schweröl und Seewasser, angegriffen werden, müssen sie korrosionsbeständig ausgeführt werden. Das Gehäuse soll aus Meehanite-Gußeisen GC hergestellt werden. Für die übrigen Teile wird Edelstahl 36CrNiMo4 verwendet. Dementsprechend dürfen nur korrosionsbeständige Schrauben verwendet werden. Die Schraubenberechnung soll für normale Werkstoffe erfolgen. Der gleichwertige korrosionsbeständige Werkstoff wird dann mit dem Schraubenhersteller abgesprochen.

Nach der Entwurfszeichnung sind alle Maße für den Schwenkantrieb festzulegen.

1.5 Lösungshinweise

Der Lösung sollte eine Überlegung zur Mechanik des Schwenkantriebes vorausgehen. Dann muß überlegt werden, welchen Wert man zuerst errechnen kann, ob der errechnete Wert so verwendet werden kann, oder ob es sinnvoll ist, ihn konstruktiv zu verändern.

Wenn ein Wert festliegt, kann man andere Maße konstruktiv festlegen, oder man sucht mathematische Zusammenhänge zur Bestimmung anderer Werte.

Ohne konstruktive Vorentscheidungen ist die Aufgabe in bestimmten Teilbereichen nicht lösbar. Die Nachrechnung zeigt dann schnell, in welcher Weise der jeweilige Wert verändert werden muß.

Die Lösung der Aufgabe kann nach folgendem Lösungsgang erfolgen:

- Zeichnung einer Entwurfsskizze und Festlegung der Bezeichnungen für die Einzelteile (Abschnitt 1.6.1).
- Überlegungen zur Mechanik des Schwenkantriebes: Gleichgewichtsbedingungen und Verlauf des Drehmomentes bei der Bewegung des Kolbens (Abschnitt 1.6.2).
- Vorbestimmung der Antriebswelle aus dem Drehmoment und unter Berücksichtigung der erheblichen Schwächung durch die Antriebshebel (Abschnitt 1.6.3).
- Bestimmung des Kolbendurchmessers und des Schwenkabstandes unter Berücksichtigung des Wirkungsgrades (Abschnitt 1.6.4).
- Bestimmung der Kolbenlänge aus dem Gesamthub und der erforderlichen Führung (Abschnitt 1.6.5).
- Berechnung des Durchmessers für den Antriebshebel aus der Biegung (Abschnitt 1.6.6).
- Vorbestimmung des Antriebsbolzens und Nachrechnung der Flächenpressung und der Vergleichsspannung im gefährdeten Querschnitt (Abschnitt 1.6.7).
- Bestimmung der Hebellänge für den Antriebshebel (Abschnitt 1.6.8).
- Kontrolle der Kolbenlänge (Abschnitt 1.6.9).
- Nachrechnung der Antriebswelle. Bestimmung des axialen und des polaren Widerstandsmomentes für den erheblich geschwächten Querschnitt (Abschnitt 1.6.10).
- Bestimmung der Paßfedern, Angabe der normgerechten Bezeichnung, Bestimmung der Anzahl der Paßfedern aus der Tragfähigkeitsberechnung (Abschnitt 1.6.11).
- Kontrolle des Gußwerkstoffes als Lagerwerkstoff für die Wellenlagerung und evtl. Neuwahl eines geeigneten Lagerwerkstoffes (Abschnitt 1.6.12).
- Bestimmung des größten Biegemomentes für den Kolben und Nachrechnung des Kolbens an der geschwächten Stelle (Abschnitt 1.6.13).
- Vorwahl der Gehäusedicke und Nachrechnung auf Vergleichsspannung (Abschnitt 1.6.14).
- Berechnung der Schrauben für die Deckelbefestigung unter Berücksichtigung der Dichtkraft. Angabe des Drehmomentes, mit dem die Schrauben angezogen werden müssen (Abschnitt 1.6.15).
- Endgültige Zeichnung für den Schwenkantrieb (Abschnitt 1.6.16).

1.6 Lösungen

Bemerkungen zur Berechnung

- Für die Festigkeitsberechnung kann der Wirkungsgrad vernachlässigt werden. Er müßte für jedes Teil gesondert ermittelt werden und hat auf die Festigkeitsberechnung nur einen verhältnismäßig geringen Einfluß.
- Die Berechnungen werden als Dauerfestigkeitsberechnungen mit dem Betriebsdruck $p = 60$ bar durchgeführt. Der Prüfdruck tritt zeitlich nur begrenzt auf. Das gelegentliche Überschreiten der Dauerfestigkeit ist unschädlich.
- Die Oberflächen der Funktionsflächen aller gleitenden Teile werden poliert; die Bohrungen nach dem Superfinish-Verfahren gehont.
- Da der Betriebsdruck von der Genauigkeit und Zuverlässigkeit der hydraulischen Steuerungs- und Anzeigesysteme abhängig ist, erfolgt die Berechnung mit der Sicherheit $\nu = 1{,}5$.

1.6.1 Vorentwurf

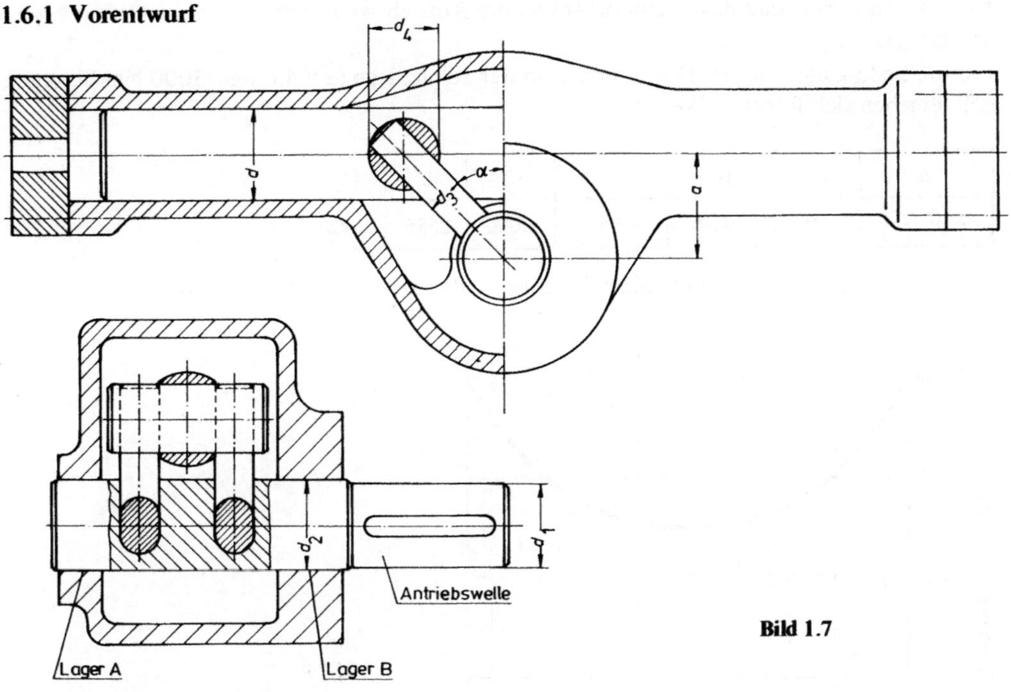

Bild 1.7

1.6.2 Zur Mechanik des Schwenkantriebes

Überlegungsskizze

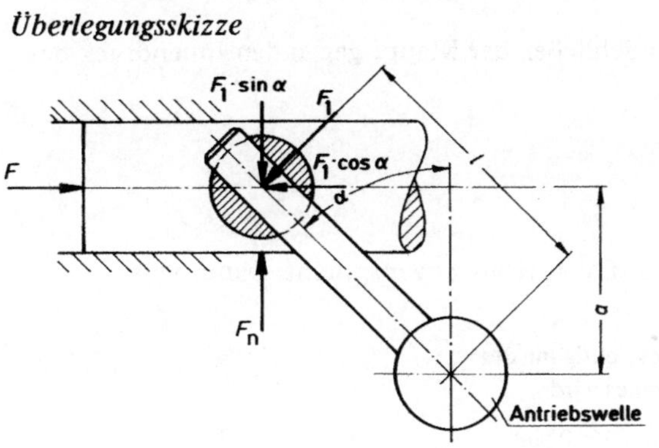

Bild 1.8

Nach den *Gleichgewichtsbedingungen* gilt

I $\Sigma F_x = 0 = F - F_1 \cos\alpha = 0$

II $\Sigma F_y = 0 = F_1 \sin\alpha - F_n = 0$

III $\Sigma M = 0 = F_1\, l - M_{\text{Welle}} = 0$ (ohne Wirkungsgrad)

Aus der Bedingung I wird $F_1 = \dfrac{F}{\cos\alpha}$ und da $l = \dfrac{a}{\cos\alpha}$ ist, wird aus der Bedingung III

$M_{\text{Welle}} = \dfrac{F}{\cos\alpha}\,\dfrac{a}{\cos\alpha} = \dfrac{Fa}{\cos^2\alpha}$.

Es ist zu erkennen, daß das Drehmoment an der Antriebswelle vom jeweiligen Öffnungswinkel abhängig ist.

Für die Bedingung, daß das Drehmoment in der Schließlage ($\alpha = 45°$) ca. 3000 Nm betragen soll, ergeben sich folgende Werte:

α	0°	10°	20°	30°	40°	45°
M in Nm	1500	1546,6	1698,7	2000	2556	3000

Zeichnerisch ergibt sich damit folgendes Bild für den Drehmomentenverlauf:

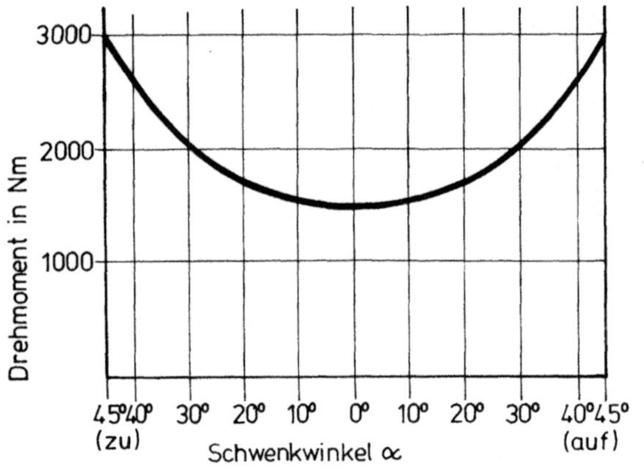

Bild 1.9

Das maximale Drehmoment wird nur zum Schließen der Klappe gegen den Innendruck benötigt.

1.6.3 Vorbestimmung der Antriebswelle

Die Antriebswelle ist an der Stelle d_1 nur auf Verdrehung beansprucht. Damit wird:

$$d_1 = \sqrt[3]{\frac{M_{t\,max}}{0{,}2\,\tau_{t\,zul}}}$$

$$d_1 = \sqrt[3]{\frac{3750000\ \text{Nmm}}{0{,}2 \cdot 186{,}7\ \text{N/mm}^2}}$$

$$\underline{\underline{d_1 = 46{,}5\ \text{mm}}}$$

Ohne Berücksichtigung des Wirkungsgrades wird

$$M_{t\,max} = \frac{M_t}{\eta} = \frac{3000\ \text{Nm}}{0{,}8}$$

$$\underline{M_{t\,max} = 3750\ \text{Nm}}$$

$$\tau_{t\,zul} = \frac{\tau_D\, b_1\, b_2}{\nu \beta_k}$$

$$\tau_{t\,zul} = \frac{630\ \text{N/mm}^2 \cdot 1 \cdot 0{,}8}{1{,}5 \cdot 1{,}8}$$

$$\underline{\tau_{t\,zul} = 186{,}7\ \text{N/mm}^2}$$

$\tau_D = 630\ \text{N/mm}^2$ für 36 CrNiMo4 Belastungsfall II

$\underline{b_1 = 1}$ $\underline{b_2 = 0{,}8}$ (geschätzt)

$\underline{\beta_k = 1{,}8}$ (Paßfeder)

Da die Antriebswelle an der Stelle d_2 durch den Antriebshebel mit dem Durchmesser d_3 erheblich geschwächt wird und an der geschwächten Stelle eine wesentliche Biegebeanspruchung hinzukommt, wird konstruktiv *gewählt*:

$\underline{\underline{d_1 = 65\ \text{mm}}}$ und damit: Wellenende 65 h8 × 105 DIN 748 (Die Passungsabweichung gegenüber DIN 748 ermöglicht einen leichteren Einbau)

$\underline{\underline{d_2 = 70\ \text{mm}}}$

1.6.4 Bestimmung des Kolbendurchmessers und des Schwenkabstandes

Das Drehmoment an der Welle wird erzeugt durch die Kolbenkraft F über den Hebel a. Bei der Berechnung der Kolbenkraft muß der Wirkungsgrad eingerechnet werden. Damit wird:

$$M = \frac{F a}{\cos^2 \alpha} \eta$$

oder $Fa = \dfrac{M \cos^2 \alpha}{\eta}$; für $F = \dfrac{d^2 \pi}{4} p$

wird $\dfrac{d^2 \pi}{4} p a = \dfrac{M \cos^2 \alpha}{\eta}$

damit $d^2 a = \dfrac{M \cos^2 \alpha \cdot 4}{\eta \pi p} = \dfrac{3000000\ \text{Nmm} \cdot 0{,}5 \cdot 4}{0{,}8 \cdot \pi \cdot 6\ \text{N/mm}^2}$

$\underline{\underline{d^2 a = 397887{,}4\ \text{mm}^3}}$

für d	60 mm	70 mm	80 mm
wird a	110,5 mm	81,2 mm	62,2 mm

Bedingung: $a = \dfrac{d_2}{2} + \dfrac{d}{2} + \text{Spiel}$

für ca. 10 mm Spiel wird der Durchmesser $d = 80$ mm zu groß (scheidet also aus).

Bei $d = 60$ mm wird a groß, d. h. das Biegemoment für den Hebel wird groß und damit der Hebeldurchmesser.

gewählt: $\underline{\underline{d = 70\ \text{mm};\ a = 80\ \text{mm}}}$

Damit wird die Kolbenkraft $F = \dfrac{70^2\ \text{mm}^2\ \pi}{4} \cdot 6\ \text{N/mm}^2$

$\underline{\underline{F = 23{,}1\ \text{kN}}}$

$$M = \frac{F a}{\cos^2 \alpha} \cdot \eta = \frac{23{,}1\ \text{kN} \cdot 80\ \text{mm}}{\cos^2 45°} \cdot 0{,}8 = \underline{\underline{2956{,}8\ \text{Nm}}} \approx M = 3000\ \text{Nm}\ \ \text{(wie gefordert)}$$

1.6.5 Bestimmung der Kolbenlänge

Für den Schwenkabstand $a = 80$ mm wird der Gesamthub 160 mm. Damit der Kolben in der Endstellung in der Gehäusebohrung genügend Führung hat, wird für den Abstand Mitte Antriebsbolzen bis Ende Kolben = 160 mm + 60 mm vorgewählt. Damit wird die Kolbenlänge $L = 2\ (160\ \text{mm} + 60\ \text{mm}) = \underline{\underline{440\ \text{mm}}}$.

1.6.6 Berechnung des Hebeldurchmessers

Die größte Hebelkraft tritt in der Endlage ($\alpha = 45°$) auf. In dieser Stellung ist auch die Hebellänge l am längsten und damit das Biegemoment für den Hebel am größten.

$$M_b = F_1 l_1$$
$$M_b = 32{,}65\ \text{kN} \cdot 78\ \text{mm}$$
$$\underline{\underline{M_b = 2546{,}7\ \text{Nm}}}$$

$$l_1 = l - \frac{d_2}{2} = \frac{a}{\cos\alpha} - \frac{d_2}{2} = \frac{80\ \text{mm}}{\cos 45°} - \frac{70\ \text{mm}}{2}$$
$$\underline{l_1} = 113\ \text{mm} - 35\ \text{mm} = \underline{78\ \text{mm}}$$
$$\underline{F_1} = \frac{F}{\cos\alpha} = \frac{23{,}1\ \text{kN}}{\cos 45°} = \underline{32{,}65\ \text{kN}}$$

Je Hebel wird das Biegemoment

$$\underline{\underline{M_b = 1273{,}35\ \text{Nm}}}$$

Damit wird der *Hebeldurchmesser*

$$d_3 = \sqrt[3]{\frac{M_b}{0{,}1 \cdot \sigma_{b\,zul}}}$$
$$d_3 = \sqrt[3]{\frac{1273350\ \text{Nmm}}{0{,}1 \cdot 532{,}7\ \text{N/mm}^2}}$$
$$\underline{\underline{d_3 = 28{,}8\ \text{mm}}}$$

gewählt: $\underline{\underline{d_3 = 32\ \text{mm}}}$

$$\sigma_{b\,zul} = \frac{\sigma_D b_1 b_2}{\nu \beta_k}$$
$$\sigma_{b\,zul} = \frac{940\ \text{N/mm}^2 \cdot 1 \cdot 0{,}85}{1{,}5 \cdot 1}$$
$$\underline{\underline{\sigma_{b\,zul} = 532{,}7\ \text{N/mm}^2}}$$

für 36CrNiMo4
Belastungsfall II

$\underline{\sigma_D = 940\ \text{N/mm}^2}$

$\underline{b_1 = 1}$

$\underline{b_2 = 0{,}85}$ (geschätzt)

$\underline{\beta_k = 1}$

1.6.7 Berechnung des Antriebsbolzens

Vorgewählt: $\underline{\underline{d_4 = 45\ \text{mm}}}$

Nachrechnung der Flächenpressung

$$p_m = \frac{F_1}{2A}$$
$$p_m = \frac{32650\ \text{N}}{2 \cdot 1012{,}48\ \text{mm}^2}$$
$$\underline{\underline{p_m = 16{,}12\ \text{N/mm}^2}}$$

$$A = d_3 l$$
$$A = 32\ \text{mm} \cdot 31{,}64\ \text{mm}$$
$$\underline{A = 1012{,}48\ \text{mm}^2}$$

$$\frac{l}{2} = \sqrt{r_4^2 - r_3^2} = \sqrt{22{,}5^2 - 16^2}\ \text{mm}$$
$$\frac{l}{2} = 15{,}82\ \text{mm}$$
$$\underline{l = 31{,}64\ \text{mm}}$$

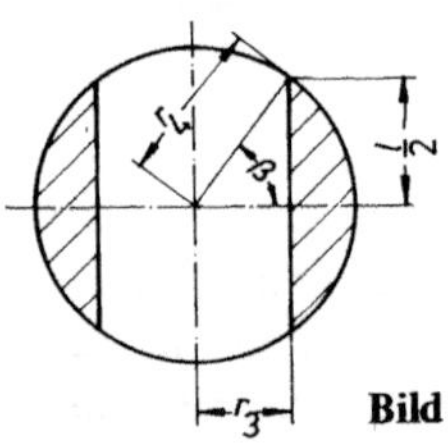

Bild 1.10

Wenn die Oberflächen des Hebels und der Bohrung gehärtet werden, kann die Flächenpressung noch als zulässig betrachtet werden ($p_{\text{m zul}} = 15\ \text{N/mm}^2$).

Festigkeitsnachrechnung

Im Kreisabschnitt wird durch die Kraft F_1 eine *Tangential-(Zug-)Spannung* $\sigma_z = \frac{F_1}{2A}$ und eine *Radial-(Druck-)Spannung* $\sigma_d = -\frac{F_1}{2A}$ erzeugt.

Die *resultierende Spannung* ist dann:

$$\sigma_v = \sigma_z - \sigma_d = \frac{2F_1}{2A} = \frac{F_1}{A}$$

Die Fläche des Kreisabschnittes errechnet sich aus:

$$A = \frac{l_B\, r_4 - l\,(r_4 - b)}{2}$$

$$A = \frac{35{,}08\ \text{mm} \cdot 22{,}5\ \text{mm} - 31{,}64\ \text{mm} \cdot 16\ \text{mm}}{2}$$

$$\underline{\underline{A = 141{,}53\ \text{mm}^2}}$$

$b = 22{,}5\ \text{mm} - 16\ \text{mm}$

$\underline{b = 6{,}5\ \text{mm}}$

$$l_B = \frac{\pi\, r_4\,(2\beta)}{180^\circ}$$

$\cos\beta = \frac{r_3}{r_4} = \frac{16\ \text{mm}}{22{,}5\ \text{mm}}$

$\cos\beta = 0{,}7111$

$\underline{\beta = 44{,}67^\circ}$

$$l_B = \frac{\pi \cdot 22{,}5\ \text{mm}\,(2 \cdot 44{,}67^\circ)}{180^\circ}$$

$\underline{l_B = 35{,}08\ \text{mm}}$

$$\underline{\underline{\sigma_v}} = \frac{F_1}{A} = \frac{32650\ \text{N}}{141{,}53\ \text{mm}^2} = \underline{\underline{230{,}69\ \text{N/mm}^2}}$$

$$\sigma_{zul} = \frac{\sigma_D\, b_1\, b_2}{\nu\, \beta_k}$$

$$\sigma_{zul} = \frac{860\ \text{N/mm}^2 \cdot 1 \cdot 1}{1{,}5 \cdot 2}$$

$$\underline{\underline{\sigma_{zul} = 286{,}7\ \text{N/mm}^2}}$$

$\underline{\sigma_D = 860\ \text{N/mm}^2}$

$\underline{b_1 = 1}$

$\underline{b_2 = 1}$ (bezogen auf die Breite von 6,5 mm)

$\underline{\beta_k = 2}$ (geschätzt, wegen der ungünstigen Form)

$\underline{\underline{\sigma_v < \sigma_{zul}}}$

Berechnung der Bolzenlänge

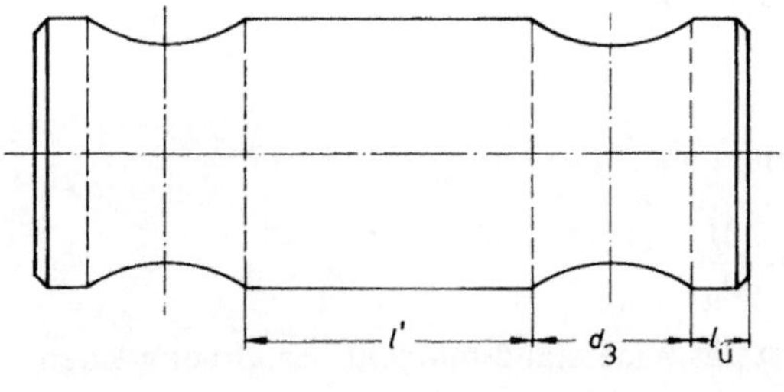

Bild 1.11

$l = l' + 2\,d_3 + 2\,l\ddot{u}$

$l = 55\text{ mm} + 3 \cdot 32\text{ mm} + 2 \cdot 6{,}5\text{ mm}$

$\underline{\underline{l = 132\text{ mm}}}$

$l' = 2 \cdot \sqrt{35^2 - 22{,}5^2}\text{ mm} + \text{Spiel}$

$l' = 53{,}62\text{ mm} + \text{Spiel}$

gewählt: $\underline{l' = 55\text{ mm}}$

lü gewählt: 6,5 mm

Bolzen 45 e8 × 132

1.6.8 Bestimmung der Hebellänge

$$l = l_1 + l_2 + \frac{l_3}{2}$$

$l = 78\text{ mm} + 66{,}12\text{ mm} + 15{,}82\text{ mm}$

$\underline{\underline{l = 159{,}94\text{ mm}}}$

gewählt: $l = 160$ mm

$l_1 = 78$ mm (s. Lösung 1.6.6)

$\frac{l_3}{2} = 15{,}82$ mm (s. Lösung 1.7.7)

$l_2 = 35\text{ mm} + \sqrt{35^2 - 16^2}\text{ mm}$

$\underline{l_2 = 66{,}12\text{ mm}}$

1.6.9 Kontrolle der Kolbenlänge

$$L \geqslant 2\text{ Hub} + 2\left(\frac{d_4}{2} + \text{Spiel} + \text{Auflage in der Zylinderbohrung}\right)$$

$L \geqslant 2 \cdot 160\text{ mm} + 2\,(22{,}5\text{ mm} + 10\text{ mm} + 30\text{ mm}) = 445\text{ mm}$

neu gewählt: $\underline{\underline{L = 445\text{ mm};\ d = 70\text{ g6}}}$

1.6.10 Nachrechnung der Antriebswelle

Lageskizze

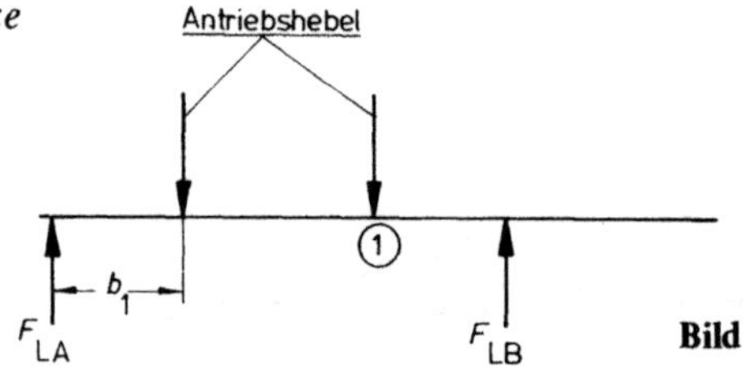

Bild 1.12

Für die Lagerung der Welle wird vorgewählt: $\frac{b}{d} = 0{,}8 \rightarrow \underline{b} = 0{,}8 \cdot 70\text{ mm} = \underline{\underline{56\text{ mm}}}$

$$b_1 = \frac{d_3}{2} + \frac{L_A}{2} + \text{Bolzenüberstand} + 10\text{ mm}$$

$b_1 = 16\text{ mm} + 28\text{ mm} + 6{,}5\text{ mm} + 10\text{ mm} = 60{,}5\text{ mm}$

gewählt: $\underline{\underline{b_1 = 60\text{ mm}}}$

An der Stelle (1) tritt das gesamte Drehmoment auf.

$$\sigma_v = \sqrt{\sigma_b^2 + 3\,(\alpha_0\,\tau_t)^2} \qquad \sigma_b = \frac{M_b}{W} \qquad \tau_t = \frac{M}{W_p}$$

Zur Berechnung der Spannungen muß zunächst das Widerstandsmoment berechnet werden.

Für die Biegung wird $W = W_x$, da die Kraft stets senkrecht zur belasteten Fläche auftritt (Bild 1.13).

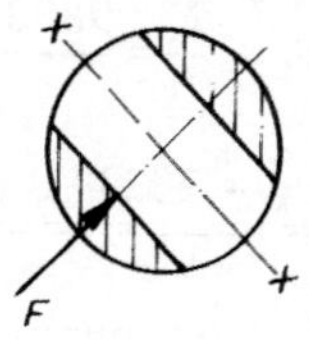

Bild 1.13

Bestimmung des Widerstandsmomentes

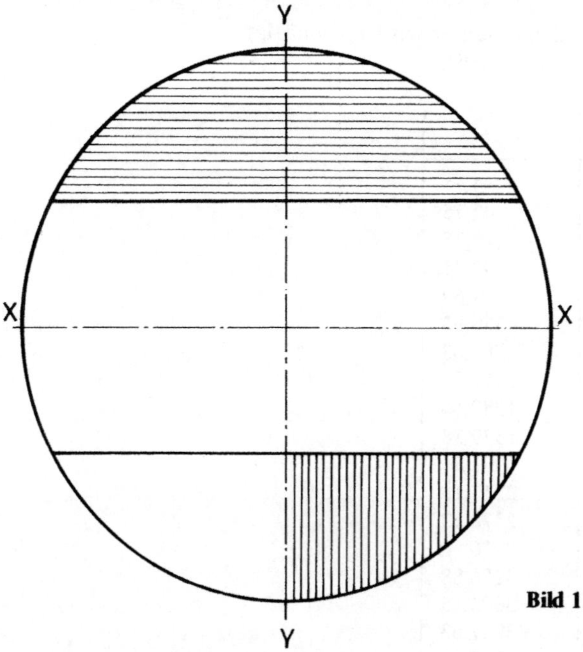

Bild 1.14

Bestimmung von I_x (h = 1 mm)

b	A	y	y^2	I_s	$A y^2$
61,5	61,5	16,5	272,25	10,25	16743,38
60	60	17,5	306,25	10	18375
59	59	18,5	342,25	9,83	20192,75
58	58	19,5	380,25	9,67	22054,5
56,5	56,5	20,5	420,25	9,42	23744,13
55	55	21,5	462,25	9,17	25423,75
53,5	53,5	22,5	506,25	8,92	27084,38
52	52	23,5	552,25	8,67	28717
50	50	24,5	600,25	8,33	30012,5
48	48	25,5	650,25	8	31212
46	46	26,5	702,25	7,67	32303,5
43	43	27,5	756,25	7,17	32518,75
40,5	40,5	28,5	812,25	6,75	32896,13
37,5	37,5	29,5	870,25	6,25	32634,38
34	34	30,5	930,25	5,67	31628,5
30,5	30,5	31,5	992,25	5,08	30263,63
25,5	25,5	32,5	1056,25	4,25	26934,38
20	20	33,5	1122,25	3,33	22445
15	7,5	34,33	1178,55	0,42	8839,13
				Σ = 138,85	Σ = 494022,79

$I_s = \frac{b h^3}{36}$ (Dreieck)

$$W_x = \frac{I_x}{r} = \frac{988323{,}28\ \text{mm}^4}{35\ \text{mm}}$$

$I_x = 2\,(I_s + A\,y^2) = 2\,(138{,}85 + 494022{,}79)\ \text{mm}^4$

$I_x = 988323{,}28\ \text{mm}^4$

$W_x = 28237{,}8\ \text{mm}^3$

Zur Bestimmung des polaren Widerstandsmomentes wird I_y benötigt (h = 1 mm; Zahlenwerte von b und A sind gleich).

$b = A$	y	y^2	I_s	$A\,y^2$
19	0,5	0,25	3,17	4,75
19	1,5	2,25	3,17	42,75
19	2,5	6,25	3,17	118,75
19	3,5	12,25	3,17	232,75
18,75	4,5	20,25	3,13	379,69
18,5	5,5	30,25	3,13	559,63
18,5	6,5	42,25	3,1	781,63
18	7,5	56,25	3	1012,5
17,75	8,5	72,25	2,96	1282,44
17,5	9,5	90,25	2,92	1579,38
17,25	10,5	110,25	2,88	1901,8
16,75	11,5	132,25	2,79	2215,19
16,5	12,5	156,25	2,75	2578,13
16	13,5	182,25	2,67	2916
15,5	14,5	210,25	2,58	3258,88
15	15,5	240,25	2,5	3603,75
14,5	16,5	272,25	2,42	3947,63
13,75	17,5	306,25	2,29	4210,94
13	18,5	342,25	2,17	4449,25
12,5	19,5	380,25	2,08	4753,13
11,75	20,5	420,25	1,96	4937,94
11	21,5	462,25	1,83	5084,75
10	22,5	506,25	1,67	5062,5
9	23,5	552,25	1,5	4970,25
8	24,5	600,25	1,33	4802
6,5	25,5	650,25	1,1	4226,63
5,5	26,5	702,25	0,9	3862,38
4,5	27,5	756,25	0,75	3403,13
2,5	28,5	812,25	0,4	2030,63
3/1,5	30,3	918,09	0,08	1377,14 ← (als Dreieck)
			$\Sigma I_s = 67{,}57$	$\Sigma = 79586{,}32$

$$W_p = \frac{I_p}{r} = \frac{1306939\ \text{mm}^4}{35\ \text{mm}}$$

$I_p = I_x + I_y$

$I_p = 988323{,}28\ \text{mm}^4 + 318615{,}56\ \text{mm}^4$

$I_p = 1306939\ \text{mm}^4$

$I_y = 4\,(79586{,}32 + 67{,}57)\ \text{mm}^4$

$I_y = 318615{,}56\ \text{mm}^4$

$W_p = 37341{,}11\ \text{mm}^3$

Damit wird:

$$\underline{\underline{\sigma_b}} = \frac{M_b}{W_x} = \frac{\frac{F_1}{2}\,b_1}{W_x} = \frac{\frac{32{,}65\text{ kN}}{2}\cdot 60\text{ mm}}{28237{,}8\text{ mm}^3} = \underline{\underline{34{,}69\text{ N/mm}^2}}$$

$$\underline{\underline{\tau_t}} = \frac{M_t}{W_p} = \frac{3750000\text{ Nmm}}{37341{,}11\text{ mm}^3} = \underline{\underline{100{,}43\text{ N/mm}^2}}$$

$$\sigma_v = \sqrt{34{,}69^2 + 3\,(1\cdot 100{,}43)^2} \quad \leftarrow \alpha_0 = 1$$

$$\underline{\underline{\sigma_v = 177{,}4\text{ N/mm}^2}}$$

$$\sigma_{b\,zul} = \frac{\sigma_D\, b_1 b_2}{\nu \beta_k}$$

$$\sigma_{b\,zul} = \frac{940\text{ N/mm}^2\cdot 1\cdot 0{,}77}{1{,}5\cdot 2}$$

$$\underline{\underline{\sigma_{b\,zul} = 241{,}3\text{ N/mm}^2}}$$

← $\sigma_D = 940\text{ N/mm}^2$
$b_1 = 1$
$b_2 = 0{,}77$
$\beta_k = 2$ aus $\frac{d}{D} = \frac{32\text{ mm}}{70\text{ mm}} = 0{,}46$

$$\underline{\underline{\sigma_v < \sigma_{b\,zul}}}$$

1.6.11 Bestimmung der Paßfedern

Gewählt: Paßfeder A 18 × 11 × 90 DIN 6885 St 50 k

$$p_m = \frac{4 M_t}{d h l} = \frac{4\cdot 3750000\text{ N/mm}}{65\text{ mm}\cdot 11\text{ mm}\cdot 72\text{ mm}} \quad \leftarrow l = 90\text{ mm} - 18\text{ mm} = 72\text{ mm}$$

$$\underline{\underline{p_m = 291{,}38\text{ N/mm}^2 > p_{zul} = 70\ldots 150\text{ N/mm}^2}}$$

Bei Verwendung mehrerer Paßfedern muß wegen der Teilungsfehler p_m durch den Korrekturfaktor 0,75 geteilt werden.

$$\underline{\underline{p_m}} = \frac{291{,}38\text{ N/mm}^2}{0{,}75} = \underline{\underline{388{,}5\text{ N/mm}^2}}$$

Gewählt: 3 Paßfedern

$$\text{damit } p = \frac{388{,}5\text{ N/mm}^2}{3} = 129{,}5\text{ N/mm}^2 \mathrel{\hat{=}} p_{zul}$$

1.6.12 Bestimmung des Lagerwerkstoffes

Da es sich um Bewegungen mit kleinen Gleitgeschwindigkeiten handelt, ist nur die *Flächenpressung* an den Lagerstellen zu berechnen.

$$p_m = \frac{\frac{F_1}{2}}{d L}$$

← $L = 0{,}8\,d$ (vorgewählt s. Lösung 1.6.10)
$L = 0{,}8\cdot 70\text{ mm} = 56\text{ mm}$

$$\underline{\underline{p_m}} = \frac{\frac{32650\text{ N}}{2}}{70\text{ mm}\cdot 56\text{ mm}} = \underline{\underline{4{,}16\text{ N/mm}^2 < p_{m\,zul} = 5\text{ N/mm}^2}}$$

für Stahl auf GG

1.6.13 Nachrechnung des Kolbens

Lageskizze

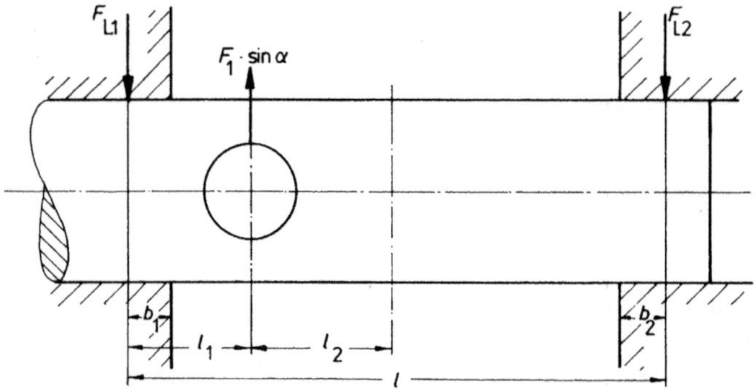

Bild 1.15

Annahme: $b_1 = b_2$ (nach Lösung 1.6.9)

$$b_1 = \frac{30\text{ mm}}{2} = 15\text{ mm}$$

Das Biegemoment ist während des Arbeitshubes veränderlich, da sich $F_1 \sin\alpha$ und auch l_1 verändern.

Bestimmung der Länge l:

$l = 2 \cdot 80\text{ mm} + d_3 + 2 \cdot 10\text{ mm} + 2\,b_1$ (siehe Lösung 1.6.9)

$l = 160\text{ mm} + 45\text{ mm} + 20\text{ mm} + 30\text{ mm}$

$\underline{\underline{l = 255\text{ mm}}}$

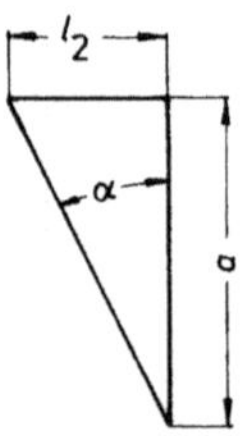

Bild 1.16

$$l_1 = \frac{l}{2} - l_2 \qquad \leftarrow \quad l_2 = a \tan\alpha, \quad l_2 = 80\text{ mm} \tan\alpha$$

$$l_1 = 127{,}5\text{ mm} - 80\text{ mm} \tan\alpha$$

$$M_b = F_{L1}\, l_1 \qquad \leftarrow \quad F_{L1} = \frac{(l - l_1)\, F_1 \sin\alpha}{l} \qquad \leftarrow \quad F_1 \sin\alpha = \frac{F}{\cos\alpha} \sin\alpha = F \tan\alpha$$

$$F_{L1} = \frac{(l - l_1)\, F \tan\alpha}{l} \qquad F = 23{,}1\text{ kN (Lösung 1.6.4)}$$

Durch eine tabellarische Zusammenfassung der Rechenergebnisse und einer graphischen Darstellung des Endergebnisses wird der Zusammenhang überschaubarer.

α in °	0	10	20	30	40	45	42,5
l_2 in mm	0	14,1	29,1	46,2	67,1	80	73,3
l_1 in mm	127,5	113,4	98,4	81,3	60,4	47,5	54,2
$l - l_1$ in mm	127,5	141,6	156,6	173,7	194,6	207,5	200,8
$F \tan\alpha$ in kN	0	4,07	8,4	13,3	19,4	23,1	21,17
F_{L1} in kN	0	2,26	5,16	9,06	14,8	18,8	16,67
M_b in Nm	0	256,3	507,7	736,6	893,9	893,	903,5

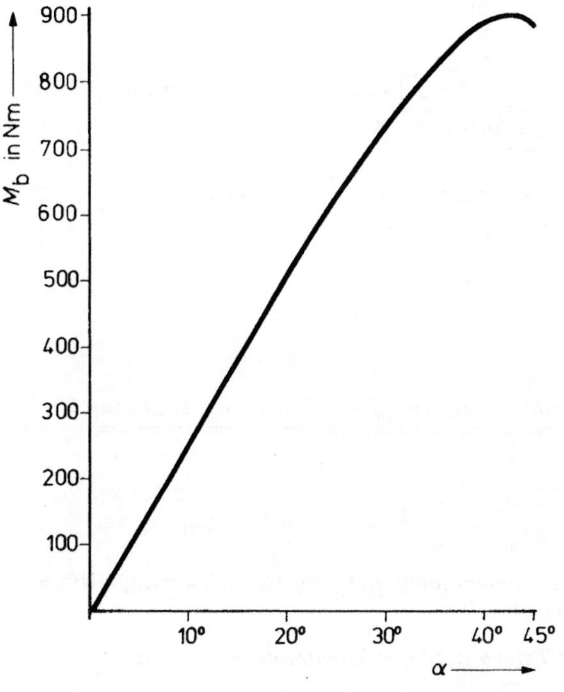

Man erkennt, daß das Biegemoment zwischen 40° und 45° den Höchstwert erreicht. Der Wert 42,5° wurde nachgetragen.

Bild 1.17

Bestimmung des Widerstandsmomentes für den geschwächten Querschnitt.

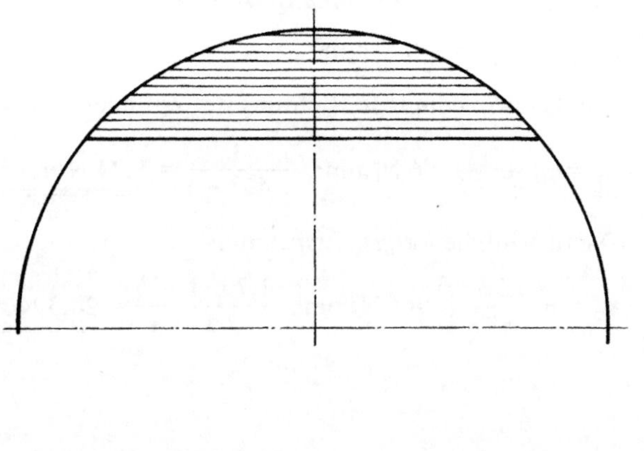

Bild 1.18

(h = 1 mm; Zahlenwerte von b und A sind gleich)

$b = A$	y	y^2	I_s	$A\,y^2$
53	23	529	8,83	28037
51,5	24	576	8,58	29664
49	25	625	8,17	30625
47,5	26	676	7,92	32110
45	27	729	7,5	32805
43	28	784	7,17	33712
39,5	29	841	6,58	33219,5
37	30	900	6,17	33300
33	31	961	5,5	31713
29	32	1024	4,83	29696
24	33	1089	4	26136
18	34	1156	3	20808
12,5/3,1	34,67	1202	0,04	3726,2 ← (h = 0,5 mm; als Dreieck)
			Σ = 78,29	Σ = 365551,7

$$W_x = \frac{I_x}{r} = \frac{731260\ \text{mm}^4}{35\ \text{mm}} \quad \longleftarrow \quad I_x = 2\,(A\,y^2 + I_s) = 2\,(365551{,}7 + 78{,}29)\ \text{mm}^4$$

$$I_x = 731260\ \text{mm}^4$$

$$W_x = 20893{,}14\ \text{mm}^3$$

Damit wird:

$$\sigma_b = \frac{M_b}{W_x} = \frac{903500\ \text{Nmm}}{20893{,}14\ \text{mm}^3} = 43{,}24\ \text{N/mm}^2 < \sigma_{b\,zul}\ (\sigma_{b\,zul} = 241\ \text{N/mm}^2;\ \text{s. Lösung 1.6.10})$$

1.6.14 Bestimmung der Gehäusedicke

Gewählt: Wanddicke s = 15 mm

$$\eta = \frac{r_a}{r_i} = \frac{d_a}{d_i} = \frac{100\ \text{mm}}{70\ \text{mm}} = 1{,}43 > 1{,}2$$

die Berechnung muß also für dickwandige Rohre erfolgen.

Die in der Wanddicke s hervorgerufene *Tangential-(Zug-)Spannung* wird dann:

$$\sigma_{t\,max} = p_i\,\frac{\eta^2 + 1}{\eta^2 - 1} = 6\ \text{N/mm}^2 \cdot \frac{1{,}43^2 + 1}{1{,}43^2 - 1} = 17{,}48\ \text{N/mm}^2$$

Die *Radial-(Druck)Spannung* wird dann:

$$\sigma_{r\,max} = -\,p_i = -\,6\ \text{N/mm}^2$$

Die *Axial-Spannung* in Richtung der Zylinderachse wird dann:

$$\sigma_x = p_i\,\frac{1}{\eta^2 - 1} = 6\ \text{N/mm}^2 \cdot \frac{1}{1{,}43^2 - 1} = 5{,}74\ \text{N/mm}^2$$

Damit wird die *Vergleichsspannung*:

$$\sigma_v = p_i\,\frac{1{,}73 \cdot \eta^2}{\eta^2 - 1} = 6\ \text{N/mm}^2 \cdot \frac{1{,}73 \cdot 1{,}43^2}{1{,}43^2 - 1} = 20{,}3\ \text{N/mm}^2$$

Für Meehanite-Gußeisen GC wird:

$\sigma_{zul} = \frac{\sigma_D b_1}{\nu}$ ← $\sigma_D = 90\ N/mm^2$ [1)]

$\sigma_{zul} = \frac{90\ N/mm^2 \cdot 0{,}85}{2}$ $b_1 = 0{,}85$ (für die Gußhaut), $\nu = 2$

$\sigma_{zul} = 38{,}25\ N/mm^2$

$\sigma_v < \sigma_{zul}$

1.6.15 Berechnung der Deckelschrauben

Die Schraube muß bei der Betriebskraft F_B zugleich die Dichtkraft F_{Kl} aufnehmen. Für die Berechnung wird angenommen, daß die Dichtkraft gleich der Betriebskraft ist.

Vorgewählt: 6 Schrauben der Festigkeitsklasse 8.8

F_B je Schraube: $\frac{F}{6} = \frac{23{,}1\ kN}{6} = 3{,}85\ kN$

vorgewählt: M8 X 45 ← Deckeldicke vorgewählt ca. 2 mal Wanddicke
Deckeldicke = $2 \cdot 15\ mm = 30\ mm$
Schraubenlänge = $30\ mm + 1{,}5\,d$
Schraubenlänge = $30\ mm + 1{,}5 \cdot 8\ mm = 42\ mm$
gewählt: Schraubenlänge 45 mm

Nachrechnung:

$F_{VM} = k_A\,[F_{Kl}\,k_L + F_B\,(1 - \Phi)]$

$F_{VM} = 1{,}4 \cdot [3{,}85\ kN + 2 \cdot 3{,}85\ kN \cdot (1 - 0{,}15)]$

$F_{VM} = 14{,}55\ kN < F_{V\,0{,}9} = 16{,}5\ kN$

← $k_A = 1{,}4$ Schraube geschmiert, Drehmomentenschlüssel

$\frac{l_k}{d} = \frac{30\ mm}{8\ mm} = 3{,}75$

$k_L = 2$

$\Phi = q\,\Phi'$ $q = 0{,}5$

$\Phi = 0{,}5 \cdot 0{,}3 = 0{,}15$

Kontrolle:

$F_{S\,max} = F_{V0{,}9} + \Phi\,F_B \leqslant F_{0{,}2}$

$F_{S\,max} = 16{,}5\ kN + 0{,}15 \cdot 3{,}85\ kN$

$F_{S\,max} = 17{,}08\ kN$

$F_{0{,}2} = A_S\,\sigma_{0{,}2}$

$F_{0{,}2} = 36{,}6\ mm^2 \cdot 640\ N/mm^2$

$F_{0{,}2} = 23{,}42\ kN$

$F_{S\,max} < F_{0{,}2}$

$\sigma_a = \frac{F_a}{A_S} = \frac{\Phi F}{2 A_S}$

$\sigma_a = \frac{0{,}15 \cdot 3850\ N}{2 \cdot 36{,}6\ mm^2}$

$\sigma_a = 7{,}89\ N/mm^2 < \sigma_A = 60\ N/mm^2$

Die geschmierten Schrauben werden mit einem Drehmomentenschlüssel mit dem zulässigen Anziehdrehmoment $M_{a\,0{,}9} = 25\ Nm$ angezogen.

[1)] nach Hänchen, R.: Gegossene Maschinenteile, Hanser Verlag, München.

1.6.16 Endgültige Konstruktion

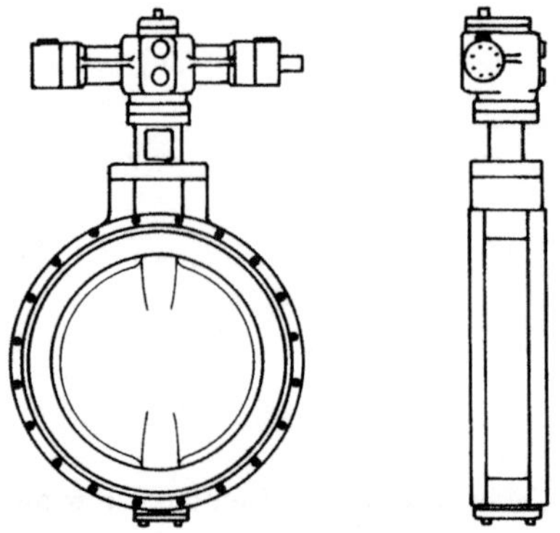

Bild 1.19

Die Gehäuse der Schwenkantriebe sind in bezug auf die Abtriebswelle ungleichmäßig überstehend ausgebildet. Dadurch kann eine Klappe direkt an eine Schottwand angeflanscht werden, ohne daß die überstehenden Teile des Schwenkantriebs stören.

Die hydraulischen Leitungen werden mit SAE-Flanschverbindungen an die Verschlußdeckel des zylindrischen Gehäuseteiles angeschlossen. Die Deckel können um die jeweilige Schraubenteilung gedreht angeordnet werden, so daß die Leitungen, möglichst nach oben führend, die Entlüftung erleichtern.

Schnittzeichnung

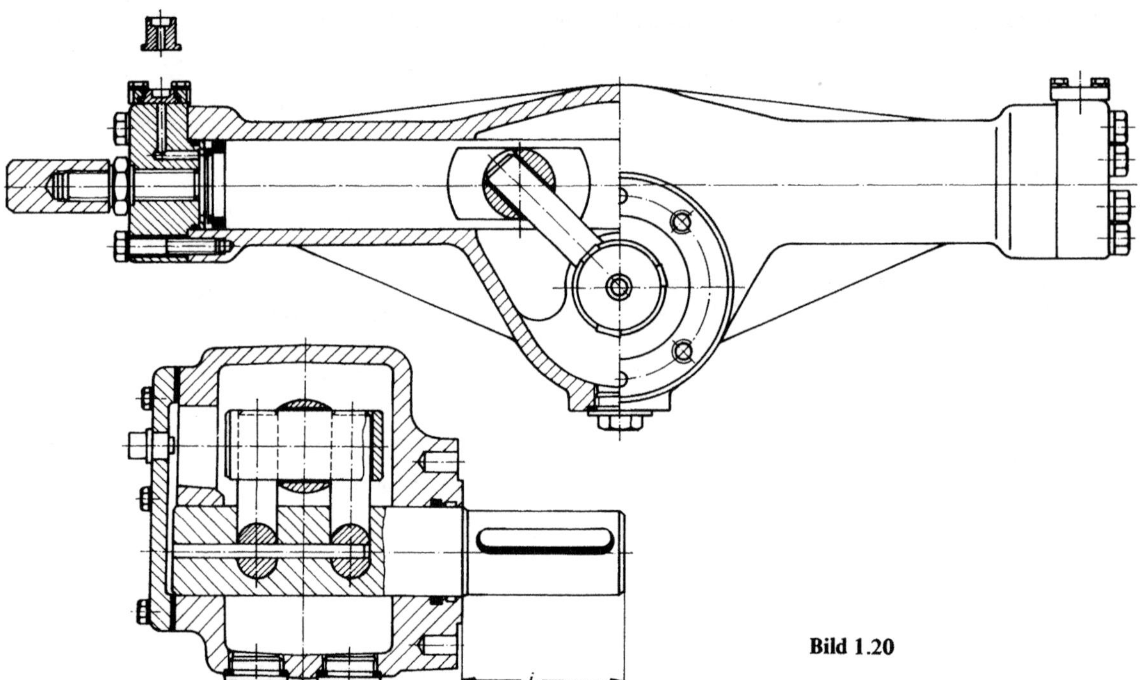

Bild 1.20

Wichtiger Hinweis: Die Abtriebswelle hat im Gehäuse ein Axialspiel von 1 mm. Bei der Montage des Schwenkantriebs an die Armatur ist beim Kuppeln der Abtriebswelle mit der Armaturenachse darauf zu achten, daß das Maß i_2 mit einer Toleranz von ± 0,3 mm zustande kommt.

Die Abtriebswelle darf in axialer Richtung während des Transports und der Montage maximal nur mit einer Kraft belastet werden, die dem Eigengewicht des Schwenkantriebs entspricht (nach KRACHT PUMPEN- UND MOTORENFABRIK K.G. Werdohl).

2 Eingangsstufe einer landwirtschaftlichen Maschine

2.1 Aufgabenstellung

Für die Eingangsstufe einer landwirtschaftlichen Maschine sind geradverzahnte Null-Stirnräder vorgesehen. Die schwellende Nennleistung $P_n = 8{,}8$ kW wird bei der Drehzahl $n_1 = 950$ 1/min über eine elastische Bolzenkupplung in die Welle I eingeleitet. Die Drehzahl der Welle II soll $n_2 \approx 200$ 1/min betragen (Bild 2.1).

Für das ungeteilte Gehäuse aus GG-15 muß ein vorhandenes Gußmodell verwendet werden. Die Gehäuseabmessungen dürfen daher nur im Bereich der Lagerstellen verändert werden.

Da die Maschine häufig unter Last anläuft, ist der Festigkeitsberechnung das Kippmoment des Elektromotors, gleich dem 2,5-fachen Nennmoment, zugrunde zu legen. Der Betriebsfaktor für die Materialermüdung (Grübchenbildung) beträgt $c_{SG} = 1{,}3$.

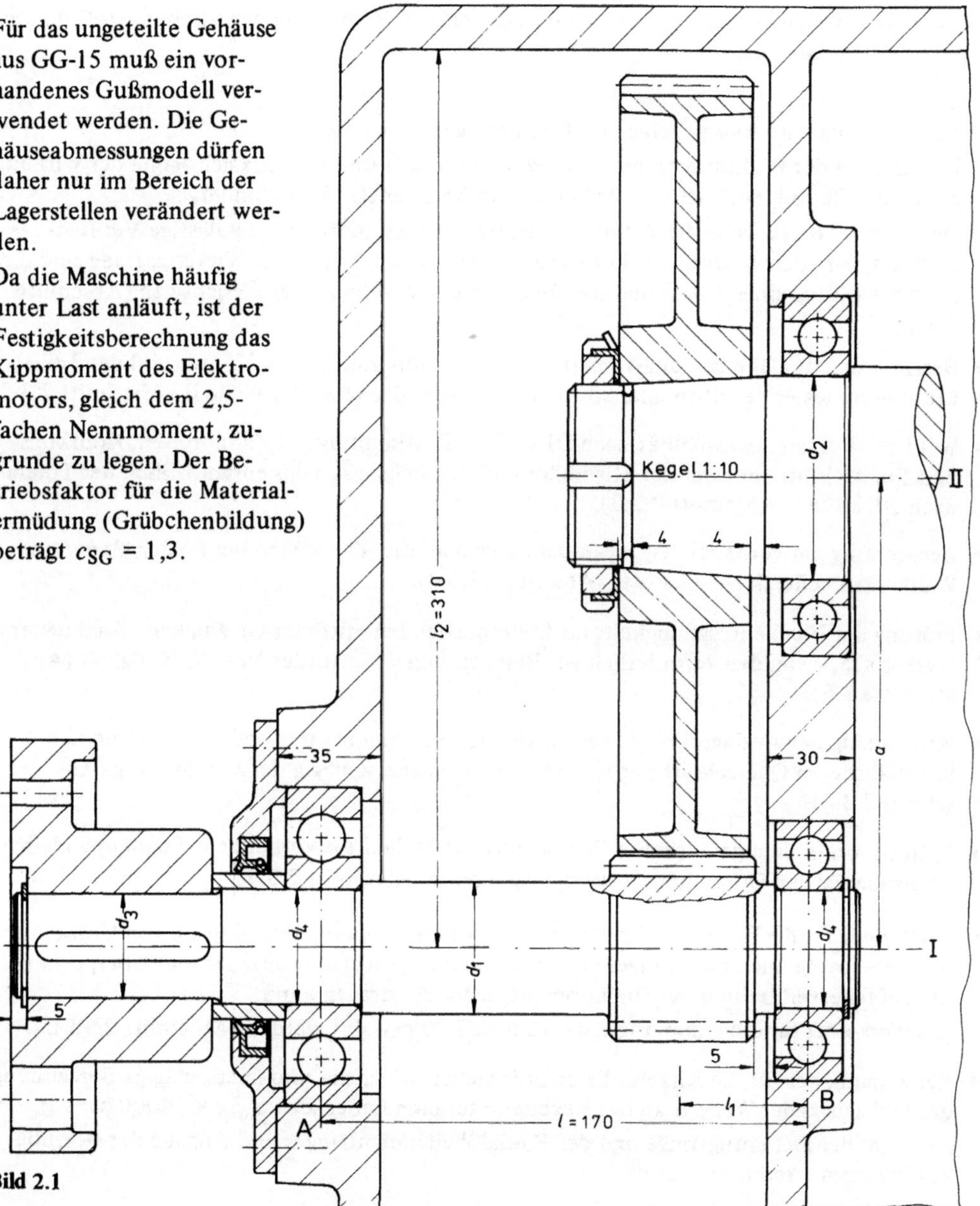

Bild 2.1

2.2 Lösungshinweise

Die Lösung muß im wesentlichen dem in der Einleitung dargestellten Flußbild entsprechend erfolgen. Nach der Festlegung der Hauptabmessungen ist die Reihenfolge der Nachrechnung der einzelnen Maschinenelemente im voraus nicht zu bestimmen. Eventuell läßt sich die Reihenfolge anhand des ersten Entwurfes näher bestimmen.

Für die Wahl der Hauptabmessungen sind die Teilkreisdurchmesser der Zahnräder maßgebend. Diese können konstruktiv oder mathematisch über das Übersetzungsverhältnis und das Gehäusemaß $l_2 = 310$ mm bestimmt werden. Einfacher ist die Vorwahl aufgrund der überschlägig berechneten Wellendurchmesser und eine Nachprüfung des Abstandes zwischen der Gehäusewand und dem Großrad.

Die Berechnung wird hier in folgender Reihenfolge durchgeführt:

- Berechnung der Richtdurchmesser der Wellen I und II unter Berücksichtigung der Wirkungsgrade und Betriebsverhältnisse. Wahl der Durchmesser d_1, d_2, d_3 und d_4.

  Da bei einer Ritzelwelle die Zahnkraft relativ hoch ist, muß für die zulässige Verdrehspannung ein kleiner Wert gewählt werden. Bei der Ermittlung der Wirkungsgrade sind die Planschwirkung eines Rades und die Dichtung einer Welle zu berücksichtigen (Abschnitt 2.3.1).
- Bestimmung des Übersetzungsverhältnisses, der Zähnezahlen, des Moduls und der Teilkreisdurchmesser der Stirnräder sowie der genauen Drehzahl der Welle II (Abschnitt 2.3.2).
- Wahl der Verzahnungsqualität nach DIN 3961. Bestimmung der Zahnbreiten, Kopfkreis- und Fußkreisdurchmesser der Stirnräder und des Achsabstandes einschließlich der Toleranz nach DIN 3964 (Abschnitt 2.3.3).
- Berechnung der vorhandenen Biegespannungen an den Zahnfüßen der beiden Räder und Wahl entsprechender Werkstoffe (Abschnitt 2.3.4).
- Prüfung der Flankentragfähigkeit, für Dauerbetrieb bei mittlerer Ölzähigkeit. Wahl neuer Werkstoffe, wenn dies erforderlich ist. Bestimmung der erforderlichen Ölzähigkeit (Abschnitt 2.3.5).
- Berechnung der Auflagerkräfte, des maximalen Biegemomentes und des Biegemomentes im gefährdeten Querschnitt der Ritzelwelle sowie überschlägig der Verformung (Abschnitt 2.3.6).
- Prüfung, ob in dem gefährdeten Querschnitt der Welle I die vorhandene Spannung kleiner ist als die für den Querschnitt zulässige Spannung (Abschnitt 2.3.7).
- Wahl einer für die Welle I geeigneten Rupex-Bolzenkupplung und Angabe von Größe, Nabenbohrung und Nabenlänge. Benennung der zugehörigen Paßfeder und Überprüfung ob die Paßfederverbindung das Drehmoment sicher übertragen kann.

  Als Werkstoff für die Kupplungsnabe kann GG-20 gewählt werden (Abschnitt 2.3.8).
- Berechnung der für die Ritzelwelle erforderlichen Wälzlager und überschlägige Berechnung des Wälzlagers der Welle II an der Kegelseite für eine Lebensdauer $L_h = 10000$ h.

  Auswahl der Sicherungsringe und des Radial-Wellendichtringes und Angabe der Normbezeichnungen (Abschnitt 2.3.9).

- Berechnung der erforderlichen Montagevorspannkraft und des Drehmomentes, mit dem die Mutter angezogen werden muß. Wahl der Spannmutter und des Sicherungsbleches. Überschlägige Prüfung der Festigkeit des Gewindezapfens. Ermittlung der maximalen Flächenpressung in der Nabe und Vergleich mit dem zulässigen Wert.

  Es kann angenommen werden, daß die geschmierte Spannmutter mit einem Drehmomentschlüssel angezogen wird. Die Kegelverbindung der Well II mit dem Zahnrad 2 muß das maximale Drehmoment mit 1,5-facher Haftsicherheit übertragen können (Abschnitt 2.3.10).

2.3 Lösungen

2.3.1 Überschlägige Berechnung der Wellen

$$d_1 \approx c_1 \sqrt[3]{M_{t\max 1}}$$
$$d_1 \approx 6{,}9 \sqrt[3]{221}\ \text{mm}$$
$$\underline{\underline{d_1 \approx 42\ \text{mm}}}$$

← $M_{t\max 1} = c_{SB}\, M_{tn}$ [1)]
$$M_{t\max 1} = 2{,}5 \cdot 88{,}4\ \text{Nm}$$
$$M_{t\max 1} = 221\ \text{Nm}$$

← $$c_{SB} = \frac{\text{Kippmoment}}{\text{Nennmoment}}$$
$$\underline{c_{SB} = 2{,}5}$$
$$M_{tn} = 9550 \frac{P}{n}$$
$$M_{tn} = 9550 \cdot \frac{8{,}8}{950}\ \text{Nm}$$
$$\underline{M_{tn} = 88{,}4\ \text{Nm}}$$

Der Faktor c_1 ist abhängig von der zulässigen Verdrehspannung und dem Verhältnis des Biegemomentes zum Verdrehmoment. Da bei einer Ritzelwelle aufgrund der großen Umfangskraft das Biegemoment groß wird, ist $c_1 = 6{,}9$ zu wählen.

$$d_2 \approx c_1 \sqrt[3]{M_{t\max 2}}$$
$$d_2 \approx 6{,}3 \sqrt[3]{1013}\ \text{mm}$$
$$\underline{\underline{d_2 \approx 63\ \text{mm}}}$$

← $c_1 = 6{,}3$ für St. 50 .
$$M_{t\max 2} = M_{t\max 1} \frac{n_1}{n_2} \eta_Z \eta_L \eta_D$$
$$M_{t\max 2} = 221\ \text{Nm} \cdot \frac{950\ 1/\text{min}}{200\ 1/\text{min}} \cdot 0{,}995 \cdot 0{,}99 \cdot 0{,}98$$
$$\underline{M_{t\max 2} = 1013\ \text{Nm}}$$

← Wirkungsgrade:
η_Z Zahneingriff
η_L Lager
η_D Dichtung

gewählt: $d_1 = 45$ mm $d_3 = 36$ mm Nach DIN 3 und DIN 323 R20 oder passend zu den
$d_2 = 65$ mm $d_4 = 40$ mm Innendurchmessern der Wälzlager.

1) Der Betriebsfaktor wird bereits bei der Wellenberechnung berücksichtigt. Bei der Bestimmung der zulässigen Spannungen kann dann später, z. B. bei der Nachrechnung der Wellenquerschnitte, mit normaler Sicherheit gerechnet werden.

2.3.2 Vorwahl der Zahnradabmessungen

$d \approx 1{,}25$ mal Wellendurchmesser

$\underline{d} = 1{,}25 \cdot 45 \text{ mm} = \underline{56 \text{ mm}}$ für eine Ritzelwelle

$z_1 = 18 \ldots 22$ Zähne für $v = 1 \ldots 3$ m/s

$$m = \frac{d_1}{z_1} = \frac{56 \text{ mm}}{18 \ldots 22} = 2{,}55 \ldots 3{,}1 \text{ mm}$$

$$v = d_1 \pi n$$

$$v = 0{,}056 \text{ m} \cdot \pi \frac{950}{60} \text{ 1/s} = \underline{2{,}8 \text{ m/s}}$$

$$i = \frac{n_1}{n_2}$$

$$i = \frac{950 \text{ 1/min}}{200 \text{ 1/min}} = \underline{4{,}75}$$

gewählt: $m = 4$ mm Nach DIN 780 Reihe 1

m mm	z_1	z_2	i	d_1 mm	d_2 mm	a mm	n_2 1/min	b_1 mm	b_2 mm	d_{a1} mm	d_{a2} mm	d_{f1} mm	d_{f2} mm
3	18	85/86		54									
3	19	90	4,74	57	270	163,5	200,5						
3	20	95		60									
3	21	100		Später ermittelte Werte der Getriebestufe werden nachträglich in die Tabelle eingetragen. Für die weitere Berechnung können dann alle Angaben dieser Tabelle entnommen werden.									
3	22	104/105											

Die oben ermittelten Bedingungen werden durch die Paarung $z_1 = 19$ und $z_2 = 90$ Zähne optimal erfüllt.

Funktion: Das Spiel zwischen der Gehäusewand und dem Kopfkreis des Zahrades 2 beträgt

$$s = l_2 - \left[d_2 + \frac{d_1}{2} + m \right] = 310 \text{ mm} - \left[270 + \frac{57}{2} + 3 \right] \text{ mm} = 8{,}5 \text{ mm} \approx 3\,m =$$

$$= 3 \cdot 3 \text{ mm} = 9 \text{ mm}$$

2.3.3 Festlegung der Zahnradabmessungen

Nach den Richtlinien für die Wahl der Verzahnungsqualität wird entsprechend der Umfangsgeschwindigkeit *gewählt*: 10. Qualität.

$$b_1 = \psi_m \, m = (10 \ldots 15) \cdot 3 \text{ mm} = 30 \ldots 45 \text{ mm} \quad \leftarrow \quad \psi_m = 10 \ldots 15$$

$$b_1 = \psi_d \, d_1 = 0{,}85 \cdot 57 \text{ mm} = 48 \text{ mm} \quad \psi_d = 0{,}85$$

gewählt: $\underline{\underline{b_1 = 45 \text{ mm}}}$ ← $b_2 = 0{,}9\, b_1 = \underline{40 \text{ mm}}$

$\underline{\underline{b_2 = 40 \text{ mm}}}$ $b_2 = b_1 - 5 \text{ mm} = \underline{40 \text{ mm}}$

$$\underline{\underline{d_{a1}}} = d_1 + 2\,m = 57 \text{ mm} + 2 \cdot 3 \text{ mm} = \underline{\underline{63 \text{ mm}}}$$

$$\underline{\underline{d_{a2}}} = d_2 + 2\,m = 270 \text{ mm} + 2 \cdot 3 \text{ mm} = \underline{\underline{276 \text{ mm}}}$$

$$\underline{\underline{d_{f1}}} = d_1 - 2{,}4\,m = 57 \text{ mm} - 2{,}4 \cdot 3 \text{ mm} = \underline{\underline{49{,}8 \text{ mm}}}$$

$$\underline{\underline{d_{f2}}} = d_2 - 2{,}4\,m = 270 \text{ mm} - 2{,}4 \cdot 3 \text{ mm} = \underline{\underline{262{,}8 \text{ mm}}}$$

$$a = m \, \frac{z_1 + z_2}{2}$$

$$a = 3 \text{ mm} \, \frac{19 - 20}{2} = \underline{\underline{163{,}50 \text{ mm}}}$$

Toleranz des Achsabstandes: ± 100 µm nach DIN 3964

Die ermittelten Werte werden nachträglich in die während der Lösung der Teilaufgabe (s. Abschnitt 2.3.2) angefertigten Tabelle eingetragen.

m mm	z_1	z_2	i	d_1 mm	d_2 mm	a mm	n_2 1/min	b_1 mm	b_2 mm	d_{a1} mm	d_{a2} mm	d_{f1} mm	d_{f2} mm
3	18	85/86		54									
3	19	90	4,74	57	270	163,5	200,5	45	40	63	276	49,8	262,8
3	20	95		60									
3	21	100											
3	22	104/105											

Nach der Vorwahl der Hauptabmessungen ist durch einen 1. Entwurf zu prüfen, ob eine einwandfreie Gestaltung des Getriebes möglich ist. Dabei ist unbedingt zu prüfen, ob alle Einzelteile montiert werden können.

2.3.4 Berechnung der Zahnfuß-Tragfähigkeit

Da die 10. Verzahnungsqualität gewählt wurde, kann die vereinfachte Berechnung angewendet werden.

$$\sigma_{F\,lim\,1} \geqslant S_{F\,min}\,\frac{F_{t\,max}}{b_1\,m_n}\,Y_{F\,1}\,Y_\beta$$

$$\sigma_{F\,lim\,1} \geqslant 2\,\frac{7760\ \text{N}}{45\ \text{mm}\cdot 3\ \text{mm}}\cdot 3{,}0\cdot 1$$

$$\underline{\underline{\sigma_{F\,lim\,1} \geqslant 340\ \text{N/mm}^2}}$$

$$\sigma_{F\,lim\,2} \geqslant S_{F\,min}\,\frac{F_{t\,max}}{b_2\,m_n}\,Y_{F\,2}\,Y_\beta$$

$$\sigma_{F\,lim\,2} \geqslant 2\,\frac{7760\ \text{N}}{40\ \text{mm}\cdot 3\ \text{mm}}\cdot 2{,}22\cdot 1$$

$$\underline{\underline{\sigma_{F\,lim\,2} \geqslant 290\ \text{N/mm}^2}}$$

$$F_{t\,max} = \frac{2M_{t\,max\,1}}{d_1}$$

$$F_{t\,max} = \frac{2\cdot 221\ \text{Nm}}{57\ \text{mm}}$$

$$\underline{F_{t\,max} = 7{,}76\ \text{kN}}$$

$\underline{S_{F\,min} = 2}$

$\underline{Y_\beta = 1 \quad \text{da}\ \beta = 0°}$

$\underline{Y_{F\,1} = 3{,}0}$

$\underline{Y_{F\,2} = 2{,}22}$

Vorwahl der Zahnradwerkstoffe: Ritzel und Rad aus Stahl

Da die erforderliche Biegeschwellfestigkeit größer ist als $\sigma_{F\,lim} = 230\ \text{N/mm}^2$ für GG-70, kann das Rad nicht als Gußrad ausgeführt werden. Die Konstruktion muß entsprechend geändert werden.

2.3.5 Berechnung der Flanken-Tragfähigkeit

$$\sigma_{H\,lim} \geqslant S_{H\,min}\cdot\sqrt{\frac{F_{tH}}{b_{min}\,d_1}\,\frac{u+1}{u}}\,\frac{Z_M\,Z_H}{K_L}$$

$$\sigma_{H\,lim} \geqslant 1{,}5\cdot\sqrt{\frac{4030}{40\cdot 57}\,\frac{4{,}74+1}{4{,}74}}\cdot\frac{270\cdot 1{,}76}{1}\ \text{N/mm}^2$$

$$\underline{\underline{\sigma_{H\,lim} \geqslant 1040\ \text{N/mm}^2}}$$

Der Betriebsfaktor für die Materialermüdung ist kleiner als der für die Dauerbruchbeanspruchung. Daher ändert sich die Umfangskraft entsprechend.

$$F_{tH} = \frac{c_{SG}}{c_{SB}}\,F_{t\,max}$$

$$F_{tH} = \frac{1{,}3}{2{,}5}\cdot 7{,}76\ \text{kN}$$

$$\underline{F_{tH} = 4{,}03\ \text{kN}}$$

$\underline{S_{H\,min} = 1{,}5}$

$\underline{Z_M = 270}$ für St-St

$\underline{Z_H = 1{,}76}$ für geradverzahnte Null-Stirnräder

$\underline{K_L = 1}$, da die Ölwerte nicht bekannt sind.

Wahl der Zahnradwerkstoffe

Ritzel: 20 MnCr 5 einsatzgehärtet

$\sigma_{F\,lim} = 480\ \text{N/mm}^2 > 340\ \text{N/mm}^2$

$\sigma_{H\,lim} = 1630\ \text{N/mm}^2 > 1040\ \text{N/mm}^2$

Rad: 16 MnCr 5 einsatzgehärtet

$\sigma_{F\,lim} = 460\ \text{N/mm}^2 > 290\ \text{N/mm}^2$

$\sigma_{H\,lim} = 1630\ \text{N/mm}^2 > 1040\ \text{N/mm}^2$

Dieser Werkstoff ist schweißbar!

Schmierstoffaktor K_L

$$K_{L\,min} = \frac{1040\ \text{N/mm}^2}{1630\ \text{N/mm}^2}$$

$$K_{L\,min} = 0{,}64$$

Es kann ein Getriebeöl mit einer Ölzähigkeit von mindestens 5 cSt bei Betriebstemperatur verwendet werden.

2.3.6 Berechnung der Auflagerkräfte, der Biegemomente und der Verformung

Der am meisten gefährdete Querschnitt der Welle I ist der Querschnitt I ... I. Der Wellenzapfen mit der Paßfedernut wird nur auf Torsion beansprucht (Bild 2.2).

Auflagerkräfte

$$F_A = F_{bn}\frac{l_1}{l} = 8{,}26\ \text{kN}\ \frac{42{,}5\ \text{mm}}{170\ \text{mm}} = 2{,}06\ \text{kN}$$

$$F_B = F_{bn}\frac{l - l_1}{l} = 8{,}26\ \text{kN}\ \frac{127{,}5\ \text{mm}}{170\ \text{mm}}$$

$$F_B \doteq 6{,}2\ \text{kN}$$

Kontrolle: $F_A + F_B = 8{,}26\ \text{kN} = F_{bn}$

$F_{bn} = 1{,}065\,F_{tmax} = 1{,}065 \cdot 7{,}76\ \text{kN}$

$F_{bn} = 8{,}26\ \text{kN}$

$l_1 = \frac{b_1}{2} + 5\ \text{mm} + 15\ \text{mm}$

$l_1 = 22{,}5\ \text{mm} + 20\ \text{mm}$

$l_1 = 42{,}5\ \text{mm}$

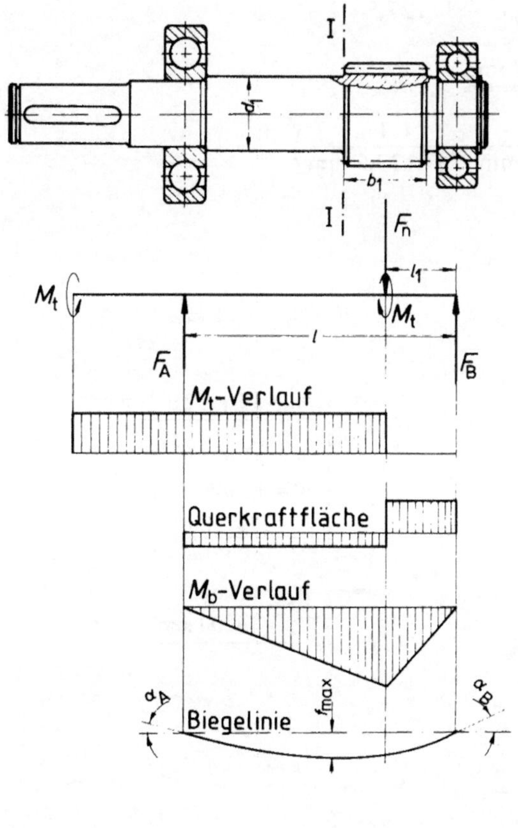

Bild 2.2

Biegemomente

$M_{b\,max} = F_B\, l_1 = 6{,}2\ \text{kN} \cdot 42{,}5\ \text{mm}$

$\underline{\underline{M_{b\,max} = 264\ \text{Nm}}}$

$M_{b\,I} = F_A \left(l - l_1 - \frac{b_1}{2}\right) = 2{,}06\ \text{kN} \cdot 105\ \text{mm}$

$\underline{\underline{M_{b\,I} = 216\ \text{Nm}}}$

Verformung

Die Verformung wird vereinfacht als Verformung einer glatten Welle mit dem Durchmesser d_1 berechnet.

$$f = \frac{F_{b\,n}\, l^3}{3EI} \cdot \left(\frac{l - l_1}{l}\right)^2 \cdot \left(\frac{l_1}{l}\right)^2$$

$$I \approx \frac{d_1^4}{20} = \frac{(45\ \text{mm})^4}{20}$$

$$\underline{I \approx 205\,000\ \text{mm}^4}$$

$$f = \frac{8260\ \text{N} \cdot (170\ \text{mm})^3}{3 \cdot 210000\ \text{N/mm}^2 \cdot 205000\ \text{mm}^4} \cdot \left(\frac{127{,}5\ \text{mm}}{170\ \text{mm}}\right)^2 \cdot \left(\frac{42{,}5\ \text{mm}}{170\ \text{mm}}\right)^2$$

$\underline{\underline{f = 0{,}011\ \text{mm}}}$

$$f_{max} = f \frac{l + l_1}{3 l_1} \sqrt{\frac{l + l_1}{3(l - l_1)}} = 0{,}011\ \text{mm}\ \frac{212{,}5}{3 \cdot 42{,}5} \sqrt{\frac{212{,}5}{3 \cdot 127{,}5}}$$

$$f_{max} = 0{,}014\ \text{mm} < \frac{l}{3000} = \frac{170\ \text{mm}}{3000} = \underline{\underline{0{,}057\ \text{mm}}}$$

$$\tan \alpha_B = f \left(\frac{1}{l_1} + \frac{1}{2(l - l_1)}\right) = 0{,}011\ \text{mm} \left(\frac{1}{42{,}5\ \text{mm}} + \frac{1}{2 \cdot 127{,}5\ \text{mm}}\right)$$

$\underline{\underline{\tan \alpha_B = 0{,}0003}} < \tan \alpha_{zul} = 0{,}001$

2.3.7 Nachrechnung der Welle

Querschnitt I ... I.

$\sigma_v = \sqrt{\sigma_b^2 + 3\,(\alpha_0\, \tau_t)^2}$

$\sigma_v = \sqrt{24^2 + 3\,(0{,}7 \cdot 12)^2}\ \text{N/mm}^2$

$\underline{\underline{\sigma_v = 28\ \text{N/mm}^2}}$

$\sigma_b = \frac{M_b}{W}$

$\sigma_b = \frac{216\ \text{Nm}}{9100\ \text{mm}^3}$

$\underline{\sigma_b = 24\ \text{N/mm}^2}$

$\underline{M_b = M_{bI} = 216\ \text{Nm}}$

$W = 0{,}1\, d_1^3$

$W = 0{,}1\ (45\ \text{mm})^3$

$\underline{W = 9100\ \text{mm}^3}$

$\tau_t = \frac{M_{t\,max\,1}}{W_p}$

$\tau_t = \frac{221\ \text{Nm}}{18200\ \text{mm}^3}$

$\underline{\tau_t = 12\ \text{N/mm}^2}$

$W_p = 0{,}2\, d_1^3$

$\underline{W_p = 18200\ \text{mm}^3}$

$\underline{\alpha_0 = 0{,}7}$

$$\sigma_{b_{zul}} = \frac{\sigma_D\, b_1\, b_2}{\beta_k\, \nu}$$

$$\sigma_{b_{zul}} = \frac{480\ \mathrm{N/mm^2}\ 0{,}76 \cdot 0{,}82}{2{,}0 \cdot 1{,}5}$$

$$\underline{\underline{\sigma_{b_{zul}} = 100\ \mathrm{N/mm^2}}} \gg \sigma_v = 28\ \mathrm{N/mm^2}$$

$\sigma_D = \sigma_{bW} = 480\ \mathrm{N/mm^2}$ für 41 Cr 4

$b_1 = 0{,}76$

$b_2 = 0{,}82$

$\beta_k = 2{,}0$

$\nu = 1{,}5$ Normalfall

Eine Nachrechnung der übrigen Querschnitte der Welle ist nicht erforderlich.

2.3.8 Auswahl der Kupplung und Berechnung der Paßfederverbindung

gewählt: Rupex-Bolzenkupplung Größe 4 Bauart RKWN
Max. Drehmoment $M_{t\,max} = 290$ Nm
$> M_{t\,max\,1} = 221$ Nm
Nabenbohrung $D = 25 \ldots 45$ mm
Nabenlänge $L = 70$ mm

Es wird der max. Bohrungsdurchmesser gewählt, damit die Belastung der Paßfeder und das Zerspanungsvolumen der Welle klein werden. Dadurch ändern sich die während der Lösung der Teilaufgabe 2.1 gewählten Wellendurchmesser.

neu gewählt: $d_1 = d_{k1} = 63$ mm
$d_3 = 45\ \mathrm{mm}\ {}^{H7}_{k6}$
$d_4 = 50\ \mathrm{mm}_{k5}$ für Kugellager mit normaler Belastung
Umfangslast für den Innenring

Die Beanspruchung der Welle I wird dadurch geringer. Eine erneute Nachrechnung der Vergleichsspannung und der Verformung ist nicht erforderlich.

gewählt: Paßfeder A 14 × 9 × 63 DIN 6885–St 50

$$p = \frac{4\, M_{t\,max\,1}}{d_3\, h\, l}$$

$$p = \frac{4 \cdot 221 \cdot 10^3\ \mathrm{Nmm}}{45\ \mathrm{mm} \cdot 9\ \mathrm{mm} \cdot 59\ \mathrm{mm}}$$

$l = L - b$
$l = 63\ \mathrm{mm} - 14\ \mathrm{mm}$
$l = 49\ \mathrm{mm}$

$h = 9$ mm

($p_{zul} = 60 \ldots 80\ \mathrm{N/mm^2}$ für GG, schwellend)

$$\underline{\underline{p = 37\ \mathrm{N/mm^2} < p_{zul}}}$$

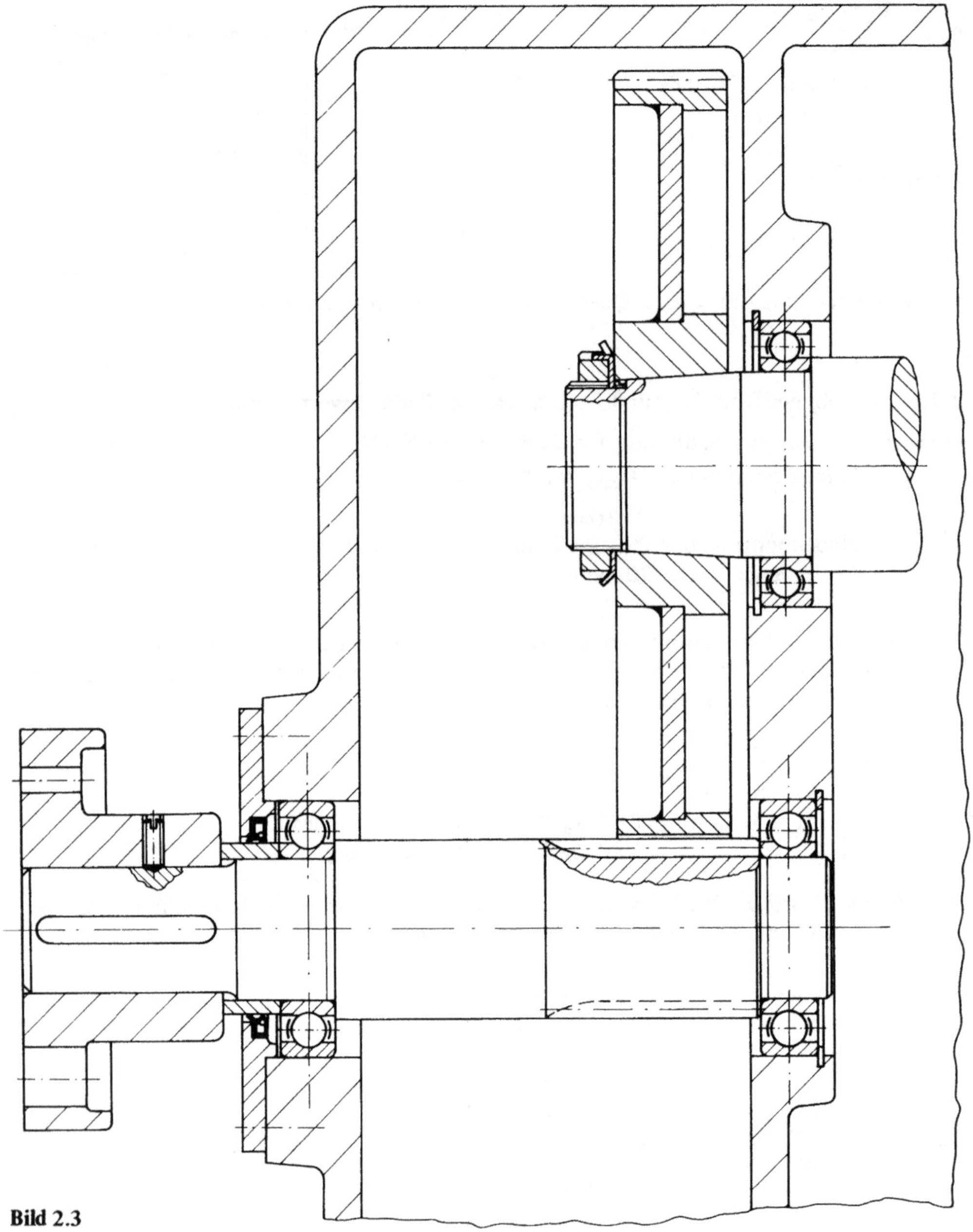

Bild 2.3

2.3.9 Berechnung der Wälzlager

Dynamische Tragzahl

$$C_{\text{erf}} = \frac{P f_L}{f_n f_t} = \frac{3{,}2\ \text{kN} \cdot 2{,}71}{0{,}327 \cdot 1}$$

$C_{\text{erf}} = 26{,}5\ \text{kN}$

$$P = F'_B = F_B \frac{c_{SG}}{c_{SB}} = 6{,}2\ \text{kN}\ \frac{1{,}3}{2{,}5}$$

$P = 3{,}2\ \text{kN}$

Der Betriebsfaktor für die Materialermüdung ist kleiner als der Betriebsfaktor für die Dauerbeanspruchung. Die Lagerbelastung kann im Verhältnis der Betriebsfaktoren umgerechnet werden.

$f_L = 2{,}71$

$f_n = 0{,}327$

$f_t = 1 \quad t < 150\,°\text{C}$

gewählt für Lager A und B

Rillenkugellager 6210

$C = 28{,}5$ kN $\quad C_0 = 21{,}2$ kN
$d = 50$ mm $\quad B = 20$ mm
$D = 90$ mm $\quad r = 2$ mm

Sicherungsring 90 × 3 DIN 472
Wellendichtring AS 60 × 80 × 8 DIN 3760–NB

Stat. Tragsicherheit

$$f_s = \frac{C_0}{P_0} = \frac{21{,}2\ \text{kN}}{6{,}2\ \text{kN}}$$

$P_0 = F_B = 6{,}2\ \text{kN}$

$f_s = 3{,}4 > f_{\text{serf}} = 1$

Verschleißlaufzeit

$L_v \approx 10000\ \text{h} = L_h$
für $f_v = 12$; Feld *h*

Überschlägige Berechnung des Lagers der Welle II

$$C_{\text{erf}} = \frac{P f_L}{f_n f_t} = \frac{4{,}3\ \text{kN} \cdot 2{,}71}{0{,}55 \cdot 1}$$

$C_{\text{erf}} = 21{,}2\ \text{kN}$

$$P \approx F_{bn} \frac{c_{SG}}{c_{SB}} = 8{,}26\ \text{kN}\ \frac{1{,}3}{2{,}5}$$

$P \approx 4{,}3\ \text{kN}$

$f_n = 0{,}55$

vorgewählt

Rillenkugellager 6013

$C = 24$ kN $\quad C_0 = 20$ kN
$d = 65$ mm $\quad B = 18$ mm
$D = 100$ mm $\quad r = 2$ mm

Sicherungsring 100 × 3 DIN 472

Funktion

Der Abstand zwischen den Außendurchmessern beträgt

$$a = a_0 - \frac{D_B + D_{II}}{2} = 163{,}5\text{ mm} - \frac{90 + 100}{2}\text{ mm}$$

$$\underline{\underline{a = 68{,}5\text{ mm}}}$$

Schulterhöhe $h = \frac{d_1 - d_4}{2} = \frac{63\text{ mm} - 50\text{ mm}}{2}$

$\underline{\underline{h = 6{,}5\text{ mm}}} > h_{erf}$ ($h_{erf} = 3{,}5$ mm Nach den Empfehlungen der Wälzlagerhersteller)

Lagerbreite $\underline{\underline{B = 20\text{ mm}}} <$ Gehäusebreite = 30 mm

2.3.10 Berechnung der Kegelverbindung

$$F_{n\,erf} = \frac{2\,M_{t\,max\,2}\,\nu_H}{d_m\,\mu}$$

$$F_{n\,erf} = \frac{2 \cdot 1013\text{ Nm} \cdot 1{,}5}{62{,}8\text{ mm} \cdot 0{,}1}$$

$$\underline{\underline{F_{n\,erf} = 483\text{ kN}}}$$

ν_H = Haftsicherheit

$\underline{\nu_H = 1{,}5}$

$$d_m = d_2 - \frac{4\text{ mm}}{10} - \frac{b_2 - 4\text{ mm}}{2 \cdot 10}$$

$$d_m = 65\text{ mm} - 0{,}4\text{ mm} - \frac{40\text{ mm} - 4\text{ mm}}{20}$$

$$\underline{d_m = 62{,}8\text{ mm}}$$

$\underline{\mu = 0{,}1}$ für St-St, trocken

Montagevorspannkraft der Schraubenverbindung

$$F_{VM} = k_A\,k_L\,F_{Kl}$$

$$F_{VM} = 1{,}4 \cdot 1{,}2 \cdot 72\text{ kN}$$

$$\underline{\underline{F_{VM} = 120\text{ kN}}}$$

$k_A = 1{,}4$

$\underline{k_L = 1{,}2}$

$F_{Kl} = F_a$

$F_{Kl} = F_{n\,erf} \sin\left(\frac{\alpha}{2} + \rho\right)$

$F_{Kl} = 483\text{ kN} \sin 8{,}6°$

$\underline{F_{Kl} = 72\text{ kN}}$

$\frac{\alpha}{2} = 2{,}86°$

$\underline{\rho = 5{,}72° \mathrel{\hat{=}} \mu = 0{,}1}$

$\underline{\frac{\alpha}{2} + \rho = 8{,}6°}$

$$d < d_2 - \frac{b_2 + 4\text{ mm}}{10} = 65\text{ mm} - \frac{40 + 4}{10}\text{ mm} = 60{,}6\text{ mm}$$

gewählt: Feingewinde M60 × 2 — Sicherungsblech MB 12
Mutter KM 12 — Spannmutter und Sicherungsblech für Wälzlager

Anzugsmoment

$$M_A = F_{VM}\left[\frac{d_2}{2}\tan(\varphi+\rho')+\mu_A\, r_A\right]$$

$$M_A = 120\text{ kN}\left[\frac{58{,}7\text{ mm}}{2}\tan 8{,}6° + 0{,}1\cdot 33{,}5\text{ mm}\right]$$

$$M_A = 120\text{ kN}\,[4{,}44\text{ mm} + 3{,}35\text{ mm}]$$

$$\underline{\underline{M_A = 935\text{ Nm}}}$$

$\underline{d_2 = 58{,}7\text{ mm}}$

$\tan\varphi = \dfrac{P}{d_2\pi} = \dfrac{2\text{ mm}}{58{,}7\text{ mm}\,\pi}$

$\tan\varphi = 0{,}011$

$\varphi = 0{,}63°$

$\rho' = 8°$

$\underline{\varphi + \rho' = 8{,}6°}$

$\underline{\mu_A = 0{,}1}$ für St-St, trocken

$r_A = \dfrac{D+d}{4} = \dfrac{73+61}{4}\text{ mm}$

$\underline{r_A = 33{,}5\text{ mm}}$

Überschlägige Spannungsermittlung

$$\sigma_{VM} = \frac{F_{VM}}{A_S} = \frac{120\text{ kN}}{2650\text{ mm}^2}$$

$$\underline{\underline{\sigma_{VM} = 45\text{ N/mm}^2}} < 0{,}7\,\sigma_{0,2}$$

$$\sigma_{VM} < 0{,}7\cdot 300\text{ N/mm}^2$$

$$\sigma_{VM} < 210\text{ N/mm}^2$$

$A_S = \dfrac{\pi}{4}\left(\dfrac{d_2+d_3}{2}\right)^2$

$A_S = \dfrac{\pi}{4}\left(\dfrac{58{,}7+57{,}5}{2}\right)^2\text{ mm}^2$

$\underline{A_S = 2650\text{ mm}^2}$

$\underline{\sigma_{0,2} = 300\text{ N/mm}^2}$ für St 50

Eine genauere Berechnung der Beanspruchung des Gewindezapfens ist nicht erforderlich.

Flächenpressung

$$p = \frac{F_r}{d_m\,\pi\, l}$$

$$p = \frac{790\text{ kN}}{62{,}8\text{ mm}\cdot\pi\cdot 36\text{ mm}}$$

$$\underline{\underline{p = 112\text{ N/mm}^2}} < p_{zul} = 120\text{ N/mm}^2$$

$F_r = \dfrac{F_{a\,max}}{\tan(\frac{\alpha}{2}+\rho)}$

$F_r = \dfrac{120\text{ kN}}{\tan 8{,}6°}$

$\underline{F_r = 790\text{ kN}}$

$F_{a\,max} = F_{VM}$

$\underline{F_{a\,max} = 120\text{ kN}}$

Wenn die Mutter mit einem Schlagschlüssel „voll" angezogen wird, kann die Montagevorspannkraft erheblich größer werden.

$$F_{VM\,max} \approx 0{,}9\,\sigma_{0,2}$$

$$A_S = 0{,}9\cdot 300\text{ N/mm}^2\cdot 2650\text{ mm}^2$$

$$\underline{\underline{F_{VM\,max} = 715\text{ kN}}}$$

Dann wird $p_{max} = 112\text{ N/mm}^2\cdot\dfrac{715\text{ kN}}{120\text{ kN}}$

$$\underline{\underline{p_{max} = 665\text{ N/mm}^2}} > p_{zul} = 120\text{ N/mm}^2$$

Die Mutter muß also kontrolliert angezogen werden.

3 Antrieb einer Trockentrommel

3.1 Aufgabenstellung

Eine Trockentrommel soll durch geradverzahnte Null-Stirnräder angetrieben werden. Die schwellende Nennleistung $P_n = 11$ kW wird bei der Drehzahl $n_1 = 960$ 1/min über eine elastische Kupplung in die Welle I eingeleitet. Die Drehzahl der Welle II soll $n_2 \approx 120$ 1/min betragen (Bild 3.1).

Die eingetragenen Maße ergeben sich aus den angrenzenden Bauteilen. Die übrigen Maße sind nach konstruktiven Gesichtspunkten zu wählen. Bei der Festlegung der Sicherheit soll der jeweils untere Wert zugrunde gelegt werden. Bei reibschlüssigen Verbindungen ist der Berechnung eine 1,5-fache Haftsicherheit zugrunde zu legen, so daß das maximale Drehmoment oder die maximale Kraft auch bei 50 % niedrigerem Reibbeiwert sicher übertragen wird. Der Betriebsfaktor beträgt für die Festigkeitsberechnung $c_{SB} = 2{,}2$ und für die Materialermüdung (Grübchenbildung) $c_{SG} = 1{,}3$. Die Lebensdauer der Lager soll 25 000 Stunden betragen.

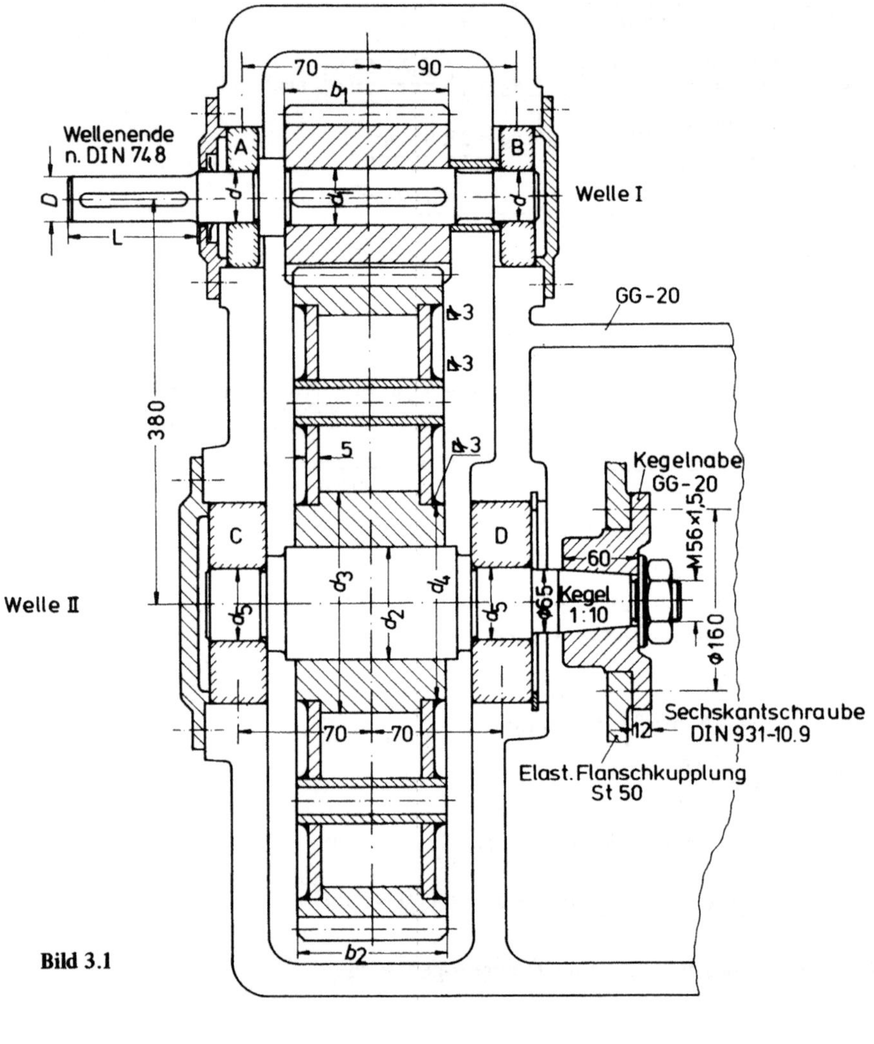

Bild 3.1

3.2 Lösungshinweise

Auch bei dieser Aufgabe muß die Lösung, wie bei den meisten Getriebeberechnungen, im wesentlichen entsprechend dem in der Einleitung dargestellten Flußbild erfolgen. Für die Festlegung der Hauptabmessungen sind durch die gegebenen Maße enge Grenzen gesetzt. Der Achsabstand von 380 mm muß durch entsprechende Wahl der Zähnezahlen und des Moduls eingehalten werden. Dabei muß sich die gewünschte Drehzahl ergeben. Sind die Hauptabmessungen bestimmt, so ist die Reihenfolge der Berechnung, bzw. Nachrechnung der einzelnen Maschinenelemente nicht festgelegt.

In diesem Buch wird die Aufgabe in folgenden Schritten gelöst:

- Überschlägige Berechnung der Richtdurchmesser der Wellen I und II unter Berücksichtigung der Wirkungsgrade und Betriebsverhältnisse. Wahl der Maße D, L, d, d_1, d_2 und d_5.

  Bei der Ermittlung der Wirkungsgrade sind die Planschwirkung eines Rades und die Dichtung einer Welle zu berücksichtigen (Abschnitt 3.3.1).
- Bestimmung des Übersetzungsverhältnisses, der Zähnezahlen, der Zahnbreiten, der Teilkreisdurchmesser, des Moduls und der Verzahnungsqualität der Getriebestufe (Abschnitt 3.3.2).
- Vorwahl der Zahnradwerkstoffe. Ermittlung der Biegespannungen an den Zahnfüßen der beiden Räder sowie der Flankenpressung und Vergleich mit den für Dauerbetrieb bei mittlerer Ölzähigkeit zulässigen Werten. Eventuell, wenn dies erforderlich ist, Wahl anderer Werkstoffe (Abschnitt 3.3.3).
- Berechnung der Auflagerkräfte und des maximalen Biegemomentes der beiden Wellen sowie überschlägige Berechnung der Verformung (Abschnitt 3.3.4).
- Ermittlung der in den Querschnitten „Mitte Zahnrad“ und „Wellenende“ der beiden Wellen vorhandenen Spannungen, Vergleich der Spannungen mit den jeweils zulässigen Werten und, wenn dies erforderlich ist, Wahl eines anderen Wellenwerkstoffes (Abschnitt 3.3.5).
- Berechnung der erforderlichen Tragzahlen für die Wälzlager A, B, C und D. Angabe der Bezeichnung geeigneter Wälzlager und Wahl der Toleranzen für die Gehäusebohrung und den Wellensitz (Abschnitt 3.3.6).
- Bestimmung der für die Welle I geeigneten Paßfedern, Angabe der Normbezeichnungen und der Toleranzen für den Nabensitz und den Paßfedersitz, und Prüfung der Tragfähigkeit der Paßfederverbindung (Abschnitt 3.3.7).
- Ermittlung der größten Schweißnahtspannung am Großrad und Vergleich mit dem zulässigen Wert (Abschnitt 3.3.8).
- Berechnung der erforderlichen Toleranzen für die Verbindung des Großrades mit der Welle II durch eine Längspreßpassung.

  Die Rauhtiefe der Bohrung wird zunächst mit $R_t = 6\ \mu m$ und die der Welle mit $R_t = 4\ \mu m$ eingesetzt (Abschnitt 3.3.9).
- Berechnung der erforderlichen Montagevorspannkraft und des Anzugsmomentes der Spannmutter. Prüfung der Flächenpressung zwischen Kegel und Nabe. Überschlägige Berechnung der Festigkeit des Gewindezapfens (Abschnitt 3.3.10).

  Dabei wird vorausgesetzt, daß das Gewinde geschmiert ist und die Spannmutter mit einem Drehmomentschlüssel angezogen wird.

- Berechnung der für die Verbindung der Flanschkupplung mit der Kegelnabe erforderlichen Sechskantschrauben und Angabe des erforderlichen Anzugsmomentes.

  Auch diese Schrauben werden mit einem Drehmomentschlüssel angezogen; das Gewinde ist geschmiert (Abschnitt 3.3.11).

3.3 Lösungen

3.3.1 Überschlägige Berechnung der Wellen

$d_1 \approx c_1 \sqrt[3]{M_{t\,max\,1}}$

$d_1 \approx 6{,}3 \sqrt[3]{241}$ mm

$d_1 \approx 39{,}8$ mm

$M_{t\,max\,1} = c_{SB}\, M_{t\,n}$[1)]

$M_{t\,max\,1} = 2{,}2 \cdot 109{,}5$ Nm

$M_{t\,max\,1} = 241$ Nm

$c_1 = 6{,}3$ für St 50

$c_{SB} = 2{,}2$

$M_{t\,n} = 9550 \frac{P}{n}$

$M_{t\,n} = 9550 \frac{11}{960}$ Nm

$M_{t\,n} = 109{,}5$ Nm

$d_2 \approx c_1 \sqrt[3]{M_{t\,max\,2}}$

$d_2 \approx 6{,}3 \sqrt[3]{1860}$ mm

$d_2 \approx 77{,}5$ mm

$M_{t\,max\,2} = M_{t\,max\,1} \frac{n_1}{n_2} \eta_Z\, \eta_L\, \eta_D$

$M_{t\,max\,2} = 241\ \text{Nm}\ \frac{960\ 1/\text{min}}{120\ 1/\text{min}}\ 0{,}995 \cdot 0{,}99 \cdot 0{,}98$

$M_{t\,max\,2} = 1860$ Nm

Wirkungsgrade:
η_Z Zahneingriff
η_L Lager
η_D Dichtung

gewählt: $d = 35$ mm, $D = 32$ mm; $d_1 = 40$ mm, $L = 80$ mm; $d_2 = 80$ mm, $d_5 = 70$ mm — Nach DIN 3 und DIN 323, DIN 748 oder passend zu den Innendurchmessern der Wälzlager.

3.3.2 Vorwahl der Zahnradabmessungen

$i = \frac{n_1}{n_2} = \frac{960\ 1/\text{min}}{120\ 1/\text{min}}$

$i = 8$

$d_1 = \frac{2a}{i+1} = \frac{2 \cdot 380\ \text{mm}}{8+1}$

$d_1 = 84{,}5$ mm

$v = d_1 \pi n_1 = 0{,}0845\ \text{m} \cdot \pi \cdot \frac{960\ 1/\text{min}}{60\ \text{s/min}}$

$v = 4{,}25$ m/s

$z_1 = 18 \ldots 22$ Zähne für $v = 1 \ldots 5$ m/s

$m = \frac{d_1}{z_1} = \frac{84{,}5\ \text{mm}}{18 \ldots 22}$

$m = 3{,}8 \ldots 4{,}7$ mm

gewählt: $m = 4$ mm Nach DIN 780 Reihe 1

[1)] Der Betriebsfaktor wird bereits bei der Wellenberechnung berücksichtigt. Bei der Bestimmung der zulässigen Spannungen kann dann später, z. B. bei der Nachrechnung der Wellenquerschnitte, mit normaler Sicherheit gerechnet werden.

$b_1 = \psi_m\, m = (15 \ldots 30) \cdot 4$ mm
$\underline{\underline{b_1 = 60 \ldots 120 \text{ mm}}}$

$b_1 = \psi_d\, d_1 = 1{,}1 \cdot 84$ mm
$\underline{\underline{b_1 = 92 \text{ mm}}}$

$\underline{\psi_m = 15 \ldots 30}$
$\underline{\psi_d = 1{,}1}$

gewählt: $b_1 = 95$ mm
$b_2 = 85$ mm

$b_2 = 0{,}9\, b_1 = 0{,}9 \cdot 95$ mm
$\underline{b_2 = 85 \text{ mm}}$

$b_2 = b_1 - (5 \ldots 10) \text{ mm} = 95 \text{ mm} - (5 \ldots 10) \text{ mm}$
$\underline{b_2 = 85 \ldots 90 \text{ mm}}$

$z_1 = 21$ Zähne
$z_2 = 169$ Zähne

10. Qualität, entsprechend der Umfangsgeschwindigkeit nach den Richtlinien für die Wahl der Verzahnungsqualität

$$i = \frac{z_2}{z_1} = \frac{169}{21}$$
$\underline{\underline{i = 8{,}04}}$

$d_1 = z_1\, m = 21 \cdot 4$ mm
$\underline{\underline{d_1 = 84 \text{ mm}}}$

$d_2 = z_2\, m = 169 \cdot 4$ mm
$\underline{\underline{d_2 = 676 \text{ mm}}}$

$$a = \frac{m\,(z_1 + z_2)}{2} = \frac{4 \text{ mm}\,(21 + 169)}{2}$$
$\underline{\underline{a = 380 \text{ mm}}}$

Funktion: Der geforderte Achsabstand wird genau eingehalten.
Der Abstand zwischen der Mitte des Lagers A und dem Zahnrad 1 beträgt
$$l_1 - \frac{b_1}{2} = 70 \text{ mm} - 47{,}5 \text{ mm} = 22{,}5 \text{ mm}$$

Nach der Vorwahl der Hauptabmessungen ist durch einen 1. Entwurf zu prüfen, ob eine einwandfreie Gestaltung des Getriebes möglich ist. Dabei ist unbedingt zu prüfen, ob alle Einzelteile montiert werden können.

3.3.3 Berechnung der Zahnradwerkstoffe

Da die 10. Qualität gewählt wurde, kann die vereinfachte Berechnung angewendet werden.

$$\sigma_{F\,lim\,1} \geqslant S_{F\,min}\, \frac{F_{t\,max}}{b_1\, m_n}\, Y_{F1}\, Y_\beta$$

$$\sigma_{F\,lim\,1} \geqslant 2 \cdot \frac{5740 \text{ N}}{95 \text{ mm} \cdot 4 \text{ mm}} \cdot 2{,}87 \cdot 1$$

$\underline{\underline{\sigma_{F\,lim\,1} \geqslant 87 \text{ N/mm}^2}}$

$$F_{t\,max} = \frac{2\, M_{t\,max\,1}}{d_1}$$

$$F_{t\,max} = \frac{2 \cdot 241 \text{ Nm}}{0{,}084 \text{ m}}$$

$\underline{F_{t\,max} = 5{,}74 \text{ kN}}$

$$\sigma_{F\,lim\,2} \geqslant S_{F\,min}\, \frac{F_{t\,max}}{b_2\, m_n}\, Y_{F2}\, Y_\beta$$

$$\sigma_{F\,lim\,2} \geqslant 2 \cdot \frac{5740 \text{ N}}{85 \text{ mm} \cdot 4 \text{ mm}} \cdot 2{,}14 \cdot 1$$

$\underline{\underline{\sigma_{F\,lim\,2} \geqslant 72 \text{ N/mm}^2}}$

$\underline{S_{F\,min} = 2}$
$\underline{Y_\beta = 1}$, da $\beta = 0°$
$\underline{Y_{F1} = 2{,}87}$
$\underline{Y_{F2} = 2{,}14}$

Vorwahl der Zahnradwerkstoffe

Ritzel und Rad aus Stahl:

$$\sigma_{\text{H lim}} \geqslant S_{\text{H min}} \cdot \sqrt{\frac{F_{\text{tH}}}{b_{\text{min}}\, d_1} \cdot \frac{u+1}{u} \cdot \frac{Z_{\text{M}}\, Z_{\text{H}}}{K_{\text{L}}}}$$

$$\sigma_{\text{H lim}} \geqslant 1{,}5 \cdot \sqrt{\frac{3400}{85 \cdot 84} \cdot \frac{8{,}04+1}{8{,}04} \cdot \frac{270 \cdot 1{,}76}{1}}\ \text{N/mm}^2$$

$$\underline{\underline{\sigma_{\text{H lim}} \geqslant 523\ \text{N/mm}^2}}$$

Der Betriebsfaktor für die Materialermüdung ist kleiner als der für die Dauerbeanspruchung. Daher ändert sich die Umfangskraft entsprechend.

$$F_{\text{tH}} = \frac{c_{\text{SG}}}{c_{\text{SB}}} F_{\text{t max}}$$

$$F_{\text{tH}} = \frac{1{,}3}{2{,}2}\ 5{,}74\ \text{kN}$$

$\underline{F_{\text{tH}} = 3{,}4\ \text{kN}}$

$\underline{S_{\text{H min}} = 1{,}5}$

$\underline{Z_{\text{M}} = 270}$ für St-St

$\underline{Z_{\text{H}} = 1{,}76}$ für geradverzahnte Null-Stirnräder

$\underline{K_{\text{L}} = 1}$, da die Ölwerte nicht bekannt sind.

Wahl der Zahnradwerkstoffe

Ritzel: 34 Cr4 vergütet

$\sigma_{\text{F lim}} = 260\ \text{N/mm}^2 > 87\ \text{N/mm}^2$

$\sigma_{\text{H lim}} = 650\ \text{N/mm}^2 > 523\ \text{N/mm}^2$

Rad: Ck 60 vergütet

$\sigma_{\text{F lim}} = 220\ \text{N/mm}^2 > 72\ \text{N/mm}^2$

$\sigma_{\text{H lim}} = 620\ \text{N/mm}^2 > 523\ \text{N/mm}^2$

Die Beanspruchung der Schweißverbindung am Radkranz ist sehr gering. Deshalb kann der bedingt schweißbare Werkstoff Ck 60 verwendet werden. Der Radkörper wird aus St 37 hergestellt.

Schmierstoffaktor K_{L}

$$K_{\text{L min}} = \frac{523\ \text{N/mm}^2}{620\ \text{N/mm}^2}$$

$$\underline{\underline{K_{\text{L min}} = 0{,}84}}$$

Es kann ein Getriebeöl mit einer Ölzähigkeit von mindestens 50 cSt bei Betriebstemperatur verwendet werden.

3.3.4 Berechnung der Auflagerkräfte, der Biegemomente und der Verformung

Die höchste Beanspruchung der Wellen erfolgt in den Querschnitten „Mitte Zahnrad" jeweils auf Biegung und Verdrehung. Außerdem müssen die Wellenenden nachgerechnet werden. Diese werden nur auf Verdrehung beansprucht.

Auflagerkräfte:

$$F_{\text{A}} = F_{\text{bn}} \frac{l_2}{l_1 + l_2} = 6{,}12\ \text{kN}\ \frac{90\ \text{mm}}{70\ \text{mm} + 90\ \text{mm}}$$

$$\underline{\underline{F_{\text{A}} = 3{,}44\ \text{kN}}}$$

$F_{\text{bn}} = 1{,}065\, F_{\text{t max}}$

$F_{\text{bn}} = 1{,}065 \cdot 5{,}74\ \text{kN}$

$\underline{F_{\text{bn}} = 6{,}12\ \text{kN}}$

$$F_{\text{B}} = F_{\text{bn}} - F_{\text{A}} = 6{,}12\ \text{kN} - 3{,}44\ \text{kN}$$

$$\underline{\underline{F_{\text{B}} = 2{,}68\ \text{kN}}}$$

$$F_{\text{C}} = F_{\text{D}} = \frac{F_{\text{bn}}}{2} = \frac{6{,}12\ \text{kN}}{2}$$

$$\underline{\underline{F_{\text{C}} = F_{\text{D}} = 3{,}06\ \text{kN}}}$$

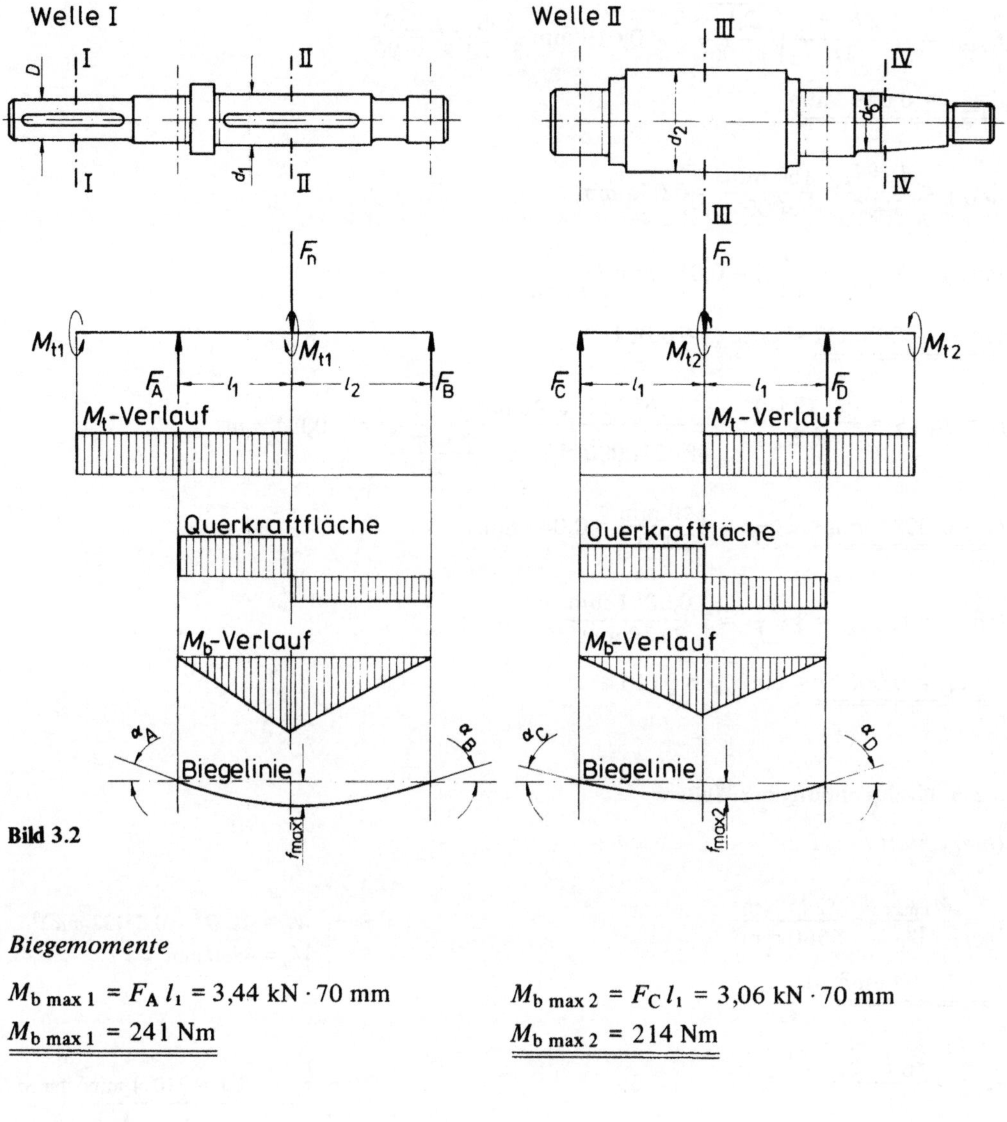

Bild 3.2

Biegemomente

$M_{b\,max\,1} = F_A\,l_1 = 3{,}44\text{ kN} \cdot 70\text{ mm}$

$\underline{\underline{M_{b\,max\,1} = 241\text{ Nm}}}$

$M_{b\,max\,2} = F_C\,l_1 = 3{,}06\text{ kN} \cdot 70\text{ mm}$

$\underline{\underline{M_{b\,max\,2} = 214\text{ Nm}}}$

Verformung

Die Verformung wird vereinfacht als Verformung einer glatten Welle mit dem Durchmesser d_1, bzw. d_2 berechnet.

$$f_1 = \frac{F_{bn}\,(l_1 + l_2)^3}{3\,E\,I}\left(\frac{l_1}{l_1 + l_2}\right)^2\left(\frac{l_2}{l_1 + l_2}\right)^2$$

$$I \approx \frac{d_1^4}{20} = \frac{(40\text{ mm})^4}{20}$$

$$\underline{I \approx 128000\text{ mm}^4}$$

$$f_1 = \frac{6120\text{ N}\,(160\text{ mm})^3}{3 \cdot 210000\text{ N/mm}^2 \cdot 128000\text{ mm}^4} \cdot \left(\frac{70\text{ mm}}{160\text{ mm}}\right)^2 \cdot \left(\frac{90\text{ mm}}{160\text{ mm}}\right)^2$$

$$\underline{\underline{f_1 = 0{,}019\text{ mm}}}$$

$$f_{\max 1} = f_1 \frac{2\,l_1 + l_2}{3\,l_1} \sqrt{\frac{2\,l_1 + l_2}{3\,l_2}} = 0{,}019 \text{ mm} \frac{230}{3 \cdot 70} \sqrt{\frac{230}{3 \cdot 90}}$$

$$\underline{\underline{f_{\max 1} = 0{,}0192 \text{ mm}}}$$

$$f_{\max 1} < \frac{l_1 + l_2}{3000} = \frac{160 \text{ mm}}{3000} = 0{,}053 \text{ mm}$$

$$\tan \alpha_A = f_1 \left(\frac{1}{l_1} + \frac{1}{2\,l_2}\right) = 0{,}019 \text{ mm} \left(\frac{1}{70 \text{ mm}} + \frac{1}{2 \cdot 90 \text{ mm}}\right)$$

$$\underline{\underline{\tan \alpha_A = 0{,}00037}} < \tan \alpha_{zul} = 0{,}001$$

$$f_2 = f_{\max 2} = \frac{F_{bn}\,(2\,l_1)^3}{48\,E\,I} = \frac{6120 \text{ N } (140 \text{ mm})^3}{48 \cdot 210000 \text{ N/mm}^2 \cdot \frac{(80 \text{ mm})^4}{20}} = 0{,}0081 \text{ mm}$$

$$\underline{\underline{f_2 = 0{,}0081 \text{ mm}}} < \frac{2\,l_1}{3000} = \frac{140 \text{ mm}}{3000} = 0{,}047 \text{ mm}$$

$$\tan \alpha_C = \tan \alpha_D = 3\,\frac{f_2}{2\,l_1} = 3\,\frac{0{,}0081 \text{ mm}}{2 \cdot 70 \text{ mm}}$$

$$\underline{\underline{\tan \alpha_C = 0{,}00017}} < \tan \alpha_{zul} = 0{,}001$$

3.3.5 Nachrechnung der Wellen

Querschnitt I . . . I

$$\tau_t = \frac{M_{t\max 1}}{W_p} = \frac{241 \text{ Nm}}{6550 \text{ mm}^3}$$

$$\underline{\underline{\tau_t = 37 \text{ N/mm}^2}}$$

$W_p = 0{,}2\,D^3 = 0{,}2 \cdot (32 \text{ mm})^3$
$\underline{W_p = 6550 \text{ mm}^3}$

$$\tau_{t\,zul} = \frac{\tau_D\, b_1\, b_2}{\beta_k\, \nu}$$

$$\tau_{t\,zul} = \frac{210 \text{ N/mm}^2 \cdot 0{,}9 \cdot 0{,}88}{1{,}25 \cdot 1{,}6}$$

$$\underline{\underline{\tau_{t\,zul} = 83 \text{ N/mm}^2}}$$

$\underline{\tau_D = \tau_{tSch} = 210 \text{ N/mm}^2}$ für St 50

$\underline{b_1 = 0{,}9}$

$\underline{b_2 = 0{,}88}$

$\underline{\beta_k = 1{,}6}$

$\underline{\nu = 1{,}25}$

Querschnitt II ... II

$$\sigma_v = \sqrt{\sigma_b^2 + 3\,(\alpha_0\,\tau_t)^2}$$

$$\sigma_v = \sqrt{38^2 + 3\cdot(0{,}7\cdot 19)^2}\ \text{N/mm}^2$$

$$\underline{\underline{\sigma_v = 44\ \text{N/mm}^2}}$$

$$\sigma_b = \frac{M_b}{W} \qquad M_b = M_{b\,max\,1} = 241\ \text{Nm}$$

$$\sigma_b = \frac{241\ \text{Nm}}{6400\ \text{mm}^3} \qquad W = 0{,}1\,d_1^3 \qquad W = 0{,}1\cdot(40\ \text{mm})^3 \qquad W = 6400\ \text{mm}^3$$

$$\sigma_b = 38\ \text{N/mm}^2$$

$$\tau_t = \frac{M_{t\,max\,1}}{W_p} \qquad W_p = 0{,}2\,d_1^3 \qquad W_p = 12800\ \text{mm}^3$$

$$\tau_t = \frac{241\ \text{Nm}}{12800\ \text{mm}^3}$$

$$\tau_t = 19\ \text{N/mm}^2$$

$$\alpha_0 = 0{,}7$$

$$\sigma_{b\,zul} = \frac{\sigma_D\,b_1\,b_2}{\beta_k\,\nu}$$

$$\sigma_{b\,zul} = \frac{260\ \text{N/mm}^2\ 0{,}9\cdot 0{,}85}{1{,}7\cdot 1{,}25}$$

$$\underline{\underline{\sigma_{b\,zul} = 93\ \text{N/mm}^2}}$$

$\sigma_D = \sigma_{b\,W} = 260\ \text{N/mm}^2$ für St 50

$b_1 = 0{,}9$

$b_2 = 0{,}85$

$\beta_k = 1{,}7$

$\nu = 1{,}25$

Für die Welle I kann als Werkstoff St 37 mit $\sigma_{b\,W} = 200\ \text{N/mm}^2$ und $\tau_{t\,Sch} = 170\ \text{N/mm}^2$ verwendet werden.

Querschnitt III ... III

$$\sigma_v = \sqrt{\sigma_b^2 + 3\,(\alpha_0\,\tau_t)^2}$$

$$\sigma_v = \sqrt{4^2 + 3\cdot(0{,}7\cdot 18)^2}\ \text{N/mm}^2$$

$$\underline{\underline{\sigma_v = 22\ \text{N/mm}^2 < \sigma_{zul}}}$$

$$\sigma_b = \frac{M_{b\,max\,2}}{W} \qquad W = 0{,}1\,d_2^3 \qquad W = 0{,}1\cdot(80\ \text{mm})^3 \qquad W = 51200\ \text{mm}^3$$

$$\sigma_b = \frac{214\ \text{Nm}}{51200\ \text{mm}^3}$$

$$\sigma_b = 4\ \text{N/mm}^2$$

$$\tau_t = \frac{M_{t\,max\,2}}{W_p} \qquad W_p = 0{,}2\,d_2^3 \qquad W_p = 102400\ \text{mm}^3$$

$$\tau_t = \frac{1860\ \text{Nm}}{102400\ \text{mm}^3}$$

$$\tau_t = 18\ \text{N/mm}^2$$

Querschnitt IV ... IV

$$\tau_t = \frac{M_{t\,max\,2}}{W_p} = \frac{1860\text{ Nm}}{54000\text{ mm}^3}$$

$$\underline{\underline{\tau_t = 34\text{ N/mm}^2}}$$

$W_p = 0{,}2\,d^3$
$W_p = 0{,}2\ (64{,}6\text{ mm})^3$
$\underline{W_p = 54000\text{ mm}^3}$

$\underline{d \approx 64{,}6\text{ mm}}$

Für die Welle II kann als Werkstoff St 37 mit $\sigma_{b\,W} = 200\text{ N/mm}^2$ und $\tau_{t\,Sch} = 170\text{ N/mm}^2$ verwendet werden.

$$\tau_{t\,zul} = \frac{\tau_D\,b_1\,b_2}{\beta_k\,\nu} = \frac{170\text{ N/mm}^2\ 0{,}89 \cdot 0{,}77}{1{,}5 \cdot 1{,}25}$$

$$\underline{\underline{\tau_{t\,zul} = 58\text{ N/mm}^2}} > \tau_t = 34\text{ N/mm}^2$$

3.3.6 Berechnung der Wälzlager

Dynamische Tragzahl

$$C_{erf} = \frac{P\,f_L}{f_n\,f_t}$$

$$C_{A\,erf} = \frac{2{,}03\text{ kN} \cdot 3{,}68}{0{,}326 \cdot 1}$$

$$\underline{\underline{C_{A\,erf} = 22{,}9\text{ kN}}}$$

$$C_{B\,erf} = \frac{1{,}59\text{ kN} \cdot 3{,}68}{0{,}326 \cdot 1}$$

$$\underline{\underline{C_{B\,erf} = 18\text{ kN}}}$$

$$C_{C\,erf} = C_{D\,erf} = \frac{1{,}81\text{ kN} \cdot 3{,}68}{0{,}652 \cdot 1}$$

$$\underline{\underline{C_{C\,erf} = C_{D\,erf} = 10{,}2\text{ kN}}}$$

Der Betriebsfaktor für die Materialermüdung ist kleiner als der Betriebsfaktor für die Dauerbeanspruchung.
Die Lagerbelastung kann im Verhältnis der Betriebsfaktoren umgerechnet werden.

$$P_A = F'_A = F_A\,\frac{c_{SG}}{c_{SB}} = 3{,}44\text{ kN} \cdot \frac{1{,}3}{2{,}2}$$

$\underline{P_A = F'_A = 2{,}03\text{ kN}}$

$$P_B = F'_B = F_B\,\frac{c_{SG}}{c_{SB}} = 2{,}68\text{ kN} \cdot \frac{1{,}3}{2{,}2}$$

$\underline{P_B = F'_B = 1{,}59\text{ kN}}$

$$P_C = F'_C = F_C\,\frac{c_{SG}}{c_{SB}} = 3{,}06\text{ kN} \cdot \frac{1{,}3}{2{,}2}$$

$\underline{P_C = F'_C = 1{,}81\text{ kN}}$

$\underline{P_D = P_C}$

$\underline{f_L = 3{,}68}$

$\underline{f_{n\,A} = f_{n\,B} = 0{,}326}$

$\underline{f_{n\,C} = f_{n\,D} = 0{,}652}$

$\underline{f_t = 1}$ $\quad t < 150\,°\text{C}$

gewählt für Lager A und B:
Rillenkugellager 6307

$C = 26$ kN	$C_0 = 18{,}3$ kN
$D = 80$ mm	$B = 21$ mm
$d = 35$ mm	$r = 2{,}5$ mm

Aus fertigungstechnischen Gründen werden zwei gleiche Lager gewählt.

Wellendichtring AS 35 × 50 × 7 DIN 3760–NB

Statische Tragsicherheit

$$f_s = \frac{C_0}{P_0} = \frac{18{,}3\ \text{kN}}{3{,}44\ \text{kN}} \qquad \leftarrow P_0 = F_A = 3{,}44\ \text{kN}$$

$f_s = 5{,}3 > f_{s\,erf} = 1$

Verschleißlaufzeit

$L_v \approx 25000$ h $L_v \approx L_h = 25000$ h für Universalgetriebe: $f_v = 6$; Feld d

Toleranzen

Gehäusebohrung: H 7 $\leftarrow \frac{P}{C} = \frac{2{,}03\ \text{kN}}{26\ \text{kN}} = 0{,}078$ bei Punktlast für den Außenring und normaler Belastung
Wellensitz: k 5

gewählt für Lager C und D

Rillenkugellager 16014

$C = 22$ kN $D = 110$ mm $B = 13$ mm
$C_0 = 19{,}3$ kN $d = 70$ mm $r = 1$ mm

Statische Tragsicherheit

$$f_s = \frac{C_0}{P_0} = \frac{19{,}3\ \text{kN}}{3{,}06\ \text{kN}}$$

$f_s = 6{,}3 > f_{s\,erf} = 1$

Verschleißlaufzeit

$L_v \approx 40000\ \text{h} > L_h = 25000$ h für Universalgetriebe: $f_v = 8$; Feld d.

Sicherungsring 110 × 4 DIN 472

Toleranzen

Gehäusebohrung: H7 $\leftarrow \frac{P}{C} = \frac{1{,}81\ \text{kN}}{22\ \text{kN}} = 0{,}08$ bei Punktlast für den Außenring und normaler Belastung
Wellensitz: k5

3.3.7 Berechnung der Paßfederverbindung

gewählt: Paßfeder A 10 × 8 × 70 DIN 6885–St 50
Paßfeder A 12 × 8 × 90 DIN 6885–St 50
Nabensitz: H7/k6   Paßfedersitz: P9–P9

Die Paßfeder des Wellenendes ist höher beansprucht als die Paßfeder des Zahnrades.

$$p = \frac{4\,M_{t\,max\,1}}{Dhl}$$

$$p = \frac{4 \cdot 241 \cdot 10^3\ \text{Nmm}}{32\ \text{mm} \cdot 8\ \text{mm} \cdot 60\ \text{mm}}$$

$l = L - b = 70\ \text{mm} - 10\ \text{mm}$
$l = 60\ \text{mm}$
$h = 8\ \text{mm}$

$\underline{\underline{p = 62{,}8\ \text{N/mm}^2}} \approx p_{zul} = 60 \ldots 80\ \text{N/mm}^2$ für GG, schwellend – Kupplungsgehäuse werden in der Regel aus Grauguß hergestellt.

Da der Berechnung der Betriebsfaktor zugrunde liegt, kann mit der schwellenden Flächenpressung verglichen werden.
Wenn auf die gleichmäßige Krafteinleitung verzichtet wird, kann für die Paßfederverbindung mit dem Zahnrad eine kürzere Paßfeder verwendet werden.

3.3.8 Nachrechnung der Schweißnähte

gewählt:

$d_4 = d_3 - 10\ \text{mm}$
$\underline{\underline{d_4 = 190\ \text{mm}}}$

$d_3 = 2{,}5\,d_2 = 2{,}5 \cdot 80\ \text{mm}$
$\underline{d_3 = 200\ \text{mm}}$

Damit läßt sich die höchste Scherspannung der Schweißnähte am Durchmesser d_4 berechnen.

$$\tau_a = \frac{F_u}{A} = \frac{19{,}6\ \text{kN}}{3580\ \text{mm}^2}$$

$$\underline{\underline{\tau_a = 5{,}5\ \text{N/mm}^2}}$$

$F_u = \dfrac{M_{t\,max\,2}}{\dfrac{d_4}{2}} = \dfrac{1860\ \text{Nm}}{95\ \text{mm}}$

$\underline{F_u = 19{,}6\ \text{kN}}$

$A = 2 d_4 \pi a = 2 \cdot 190\ \text{mm} \cdot \pi \cdot 3\ \text{mm}$

$\underline{A = 3580\ \text{mm}^2}$

$$\tau_{a\,zul} = \frac{\tau_D\, b_1\, b_2}{\nu} = \frac{170\ \text{N/mm}^2\ 0{,}65 \cdot 0{,}5}{1{,}5}$$

$$\underline{\underline{\tau_{a\,zul} = 37\ \text{N/mm}^2}} \gg \tau_a = 5{,}5\ \text{N/mm}^2$$

$\tau_D = 170\ \text{N/mm}^2 = \tau_{tschw}$ für St-37
$b_1 = 0{,}65$ für umlaufende Hohlkehlnaht
$b_2 = 0{,}5$ Güteklasse III
$\nu = 1{,}5$

Die Beanspruchung der Schweißnähte ist gering.

3.3.9 Berechnung der Preßpassung

Zur Übertragung des Drehmomentes darf die kleinste Fugenpressung p_k nicht unterschritten werden.

$$p_k = \frac{F_{Ru}}{A_F\, \nu_u} = \frac{\nu_H\, F_u}{A_F\, \nu_u}$$

Haftsicherheit $\underline{\nu_H = 1{,}5}$

$$p_k = \frac{1{,}5 \cdot 46{,}5\ \text{kN}}{20100\ \text{mm}^2 \cdot 0{,}11}$$

$$\underline{\underline{p_k = 31{,}5\ \text{N/mm}^2}}$$

$F_u = \dfrac{2\,M_{t\,max\,2}}{d_F}$

$\underline{d_F = d_2 = 80\ \text{mm}}$

$F_u = \dfrac{2 \cdot 1860\ \text{Nm}}{80\ \text{mm}}$

$F_u = 46{,}5\text{ kN}$

$A_F = d_F \pi l$ ← $l = b_2 - 5\text{ mm}$

$A_F = 80\text{ mm} \cdot \pi \cdot 80\text{ mm}$ — $l = 80\text{ mm}$

$A_F = 20100\text{ mm}^2$

$\nu_u = 0{,}05 \dots 0{,}17$

gewählt: $\nu_u = 0{,}11$

Aus der kleinsten Fugenpressung ergibt sich das kleinste erforderliche Übermaß zu:

$U_k = Z_k + \Delta U$ ← $\Delta U = 1{,}2\,R_t$

$U_k = 30\,\mu\text{m} + 12\,\mu\text{m}$ — $\Delta U = 1{,}2 \cdot 10\,\mu\text{m}$

$U_k = 42\,\mu\text{m}$ — $\Delta U = 12\,\mu\text{m}$

$Z_k = p_k d_F (K_A + K_I)\,10^3$ — $K_A = 0{,}084 \cdot 10^{-4}$

$Z_k = 31{,}5 \cdot 80 \cdot (0{,}084 + 0{,}035)\,10^{-1}\,\mu\text{m}$ — $K_I = 0{,}035 \cdot 10^{-4}$

für Vollwellen aus Stahl

$Z_k = 30\,\mu\text{m}$

Für eine elastische Preßpassung darf die größte zulässige Fugenpressung nicht überschritten werden. Dabei ist der Rechnung bei Vollwellen die größte zulässige Fugenpressung der Nabe zugrunde zu legen.

$$p_{g\,A} = \sigma_{S\,A}\,\frac{1 - Q_A^2}{1 + Q_A^2}$$ ← $\sigma_{S\,A} = 240\text{ N/mm}^2$ für St 37

$$p_{g\,A} = 240\text{ N/mm}^2\,\frac{1 - 0{,}4^2}{1 + 0{,}4^2}$$ — $Q_A = \dfrac{d_F}{d}$

$p_{g\,A} = 174\text{ N/mm}^2$ — $Q_A = \dfrac{80\text{ mm}}{200\text{ mm}}$

$Q_A = 0{,}4$

Aus der zulässigen Fugenpressung ergibt sich das größte zulässige Übermaß:

$U_g = Z_g + \Delta U$ ← $Z_g = p_g d_F (K_A + K_I)\,10^3$

$U_g = 165\,\mu\text{m} + 12\,\mu\text{m}$ — $Z_g = 174 \cdot 80 \cdot (0{,}084 + 0{,}035)\,10^{-1}\,\mu\text{m}$

$U_g = 177\,\mu\text{m}$ — $Z_g = 165\,\mu\text{m}$

Damit ergibt sich die Paßtoleranz

$T_p = U_g - U_k$

$T_p = 177\,\mu\text{m} - 42\,\mu\text{m}$

$T_p = 135\,\mu\text{m}$

Für die Bohrung darf maximal eine Toleranz von $0{,}6\,T_p = 81\,\mu\text{m}$ zugelassen werden. Damit ergibt sich für die Bohrung max. die 9. Qualität.

gewählt: $\varnothing\,80$ $\begin{matrix} H8 & +46 \\ & 0 \\ u8 & +148 \\ & +102 \end{matrix}$ $\rightarrow$ $U'_k = 56\ \mu m > U_k = 42\ \mu m$; $U'_g = 148\ \mu m < U_g = 177\ \mu m$

Mit diesen Werten läßt sich für die Längspreßpassung die größte Einpreßkraft errechnen.

$$F_e = A_F\, p'_g\, \nu_e$$
$$F_e = 20100\ mm^2 \cdot 144\ N/mm^2 \cdot 0{,}14$$
$$\underline{\underline{F_e = 405\ kN}}$$

$$p'_g = \frac{U'_g - \Delta U}{Z_g} \cdot p_g$$
$$p'_g = \frac{148\ \mu m - 12\ \mu m}{165\ \mu m} \cdot 174\ N/mm^2$$
$$\underline{p'_g = 144\ N/mm^2}$$

gewählt:
$\nu_e = 0{,}14$

Zur Vermeidung des Slip-Stick-Effektes ist eine etwa 2-fache Preßkraftreserve erforderlich!

Für das Einpressen ist eine Presse mit einer Preßkraft von 800 kN erforderlich.

3.3.10 Berechnung der Kegelverbindung

$$F_{n\,erf} = \frac{2\, M_{t\,max\,2}\, \nu_H}{d_m\, \mu}$$
$$F_{n\,erf} = \frac{2 \cdot 1860\ Nm \cdot 1{,}5}{61{,}8\ mm \cdot 0{,}15}$$
$$\underline{\underline{F_{n\,erf} = 602\ kN}}$$

ν_H = Haftsicherheit
$\underline{\nu_H = 1{,}5}$

$$d_m = d_6 - \frac{\frac{l_3 - 3\ mm}{2} + 3\ mm}{10}$$
$$d_m = 65\ mm - \frac{28{,}5\ mm + 3\ mm}{10}$$
$$\underline{d_m = 61{,}8\ mm}$$

$\underline{\mu = 0{,}15}$ für St-GG, trocken

Montagevorspannkraft der Schraubenverbindung

$$F_{VM} = k_A\, k_L\, F_{Kl}$$
$$F_{VM} = 1{,}4 \cdot 1{,}2 \cdot 119\ kN$$
$$\underline{\underline{F_{VM} = 200\ kN}}$$

$\underline{k_L = 1{,}2}$

$\underline{k_A = 1{,}4}$

$K_{Kl} = F_a$

$$F_{Kl} = F_{n\,erf} \sin\left(\frac{\alpha}{2} + \rho\right)$$
$$F_{Kl} = 602\ kN \sin 11{,}4°$$
$$\underline{F_{Kl} = 119\ kN}$$

$\frac{\alpha}{2} = 2{,}86°$
$\underline{\rho = 8{,}52° \hat{=} \mu = 0{,}15}$

$\underline{\frac{\alpha}{2} + \rho = 11{,}4°}$

gewählt: Sechskantmutter BM 56 × 1,5 DIN 439–04
Sicherungsblech

Anzugsmoment

$$M_A = F_{VM}\left[\frac{d_2}{2}\tan(\varphi+\rho') + \mu_A r_A\right]$$

$$M_A = 200\text{ kN}\left[\frac{55\text{ mm}}{2}\tan 8{,}6° + 0{,}1\cdot 39\text{ mm}\right]$$

$$M_A = 200\text{ kN }[4{,}14 + 3{,}9]\text{ mm}$$

$$\underline{\underline{M_A = 1610\text{ Nm}}}$$

$d_2 = 55$ mm

$$\tan\varphi = \frac{P}{d_2\pi}$$

$$\tan\varphi = \frac{1{,}5\text{ mm}}{55\text{ mm }\pi}$$

$\tan\varphi = 0{,}0096$

$\varphi = 0{,}55°$

$\rho' = 8°$

$\varphi + \rho' = 8{,}6°$

$\mu_A = 0{,}1$ für St-St; trocken

$r_A \approx 0{,}7\,d$

$r_A \approx 0{,}7\cdot 56$ mm

$r_A \approx 39$ mm

Überschlägige Spannungsermittlung

$$\sigma_{VM} = \frac{F_{VM}}{A_S} = \frac{200\text{ kN}}{2340\text{ mm}^2}$$

$$\underline{\underline{\sigma_{VM} = 85\text{ N/mm}^2}} < 0{,}7\,\sigma_S$$

$A_S = 2340\text{ mm}^2$

$\sigma_S = 240\text{ N/mm}^2$ für St 37

$$\sigma_{VM} < 0{,}7\cdot 240\text{ N/mm}^2$$

$$\underline{\underline{\sigma_{VM} = 85\text{ N/mm}^2 < 168\text{ N/mm}^2}}$$

Eine genauere Berechnung des Gewindezapfens ist nicht erforderlich.

Flächenpressung

$$p = \frac{F_r}{d_m\,\pi\,l}$$

$$p = \frac{990\text{ kN}}{61{,}8\text{ mm}\cdot\pi\cdot 57\text{ mm}}$$

$$p = 90\text{ N/mm}^2$$

($p_{zul} = 80\ldots 100\text{ N/mm}^2$ für GG-ruhend)

$$F_r = \frac{F_{a\,max}}{\tan\left(\frac{\alpha}{2}+\rho\right)}$$

$$F_r = \frac{200\text{ kN}}{\tan 11{,}4°}$$

$$\underline{F_r = 990\text{ kN}}$$

$F_{a\,max} = F_{VM}$

$F_{a\,max} = 200$ kN

3.3.11 Berechnung der Schraubenverbindung

$$F_{VM\,erf} = k_A\,k_L\,F_{Kl}$$

$$F_{VM\,erf} = 1{,}4\cdot 1{,}2\cdot 233\text{ kN}$$

$$\underline{\underline{F_{VM\,erf} = 391\text{ kN}}}$$

$$F_{Kl} = F_{n\,erf} = \frac{2M_{t\,max\,2}\cdot\nu_H}{d_7\,\mu}$$

$$F_{Kl} = \frac{2\cdot 1860\text{ Nm}\cdot 1{,}5}{160\text{ mm}\cdot 0{,}15}$$

$\underline{F_{Kl} = 233\text{ kN}}$

$k_A = 1{,}4$

$k_L = 1{,}2$

$\nu_H = 1{,}5$

$\mu = 0{,}15$ für GG/GG

gewählt:
8 Sechskantschr.
M 12 × 30 DIN 931–10.9

$F_{VM} = 8 \cdot 54$ kN

$\underline{\underline{F_{VM} = 432 \text{ kN}}}$

$F_{VM} > F_{VM\,erf}$

$\underline{\underline{M_{A\,0,9} = 120 \text{ Nm}}}$

$$p = \frac{F_{VM}}{A_p} = \frac{54 \text{ kN}}{75 \text{ mm}^2}$$

$\underline{\underline{p = 720 \text{ N/mm}^2}}$

$p < p_{zul} = 750 \text{ N/mm}^2$ für GG

Der Werkstoff des Flansches wird in St 60 geändert. Dann ist bei einer Einschraublänge $l_e = 1{,}2\,d = 1{,}2 \cdot 12$ mm = 15 mm gewährleistet, daß das Gewinde nicht ausreißt.

4 Antrieb einer wassergekühlten Walze

4.1 Aufgabenstellung

Für den in Bild 4.1 dargestellten Antrieb einer wassergekühlten Walze sind geradverzahnte Nullstirnräder vorgesehen. Die schwellende Nennleistung $P_n = 83$ kW wird bei der Drehzahl $n_1 = 1430$ 1/min über eine elastische Kupplung in die Welle I eingeleitet. Die Drehzahl der Welle II soll $n_2 \approx 760$ 1/min betragen.

Die Verzahnung und Wellenlagerung ist in guter, handelsüblicher Ausführung herzustellen. Die Wälzlager sollen die Lebensdauer $L_h = 25000$ h erreichen. Das Gehäuse aus GG-20 soll an den Lagerstellen nicht geteilt werden.

Der Berechnung ist, soweit erforderlich, eine 1,5-fache Sicherheit zugrunde zu legen. Da die Maschine häufig unter Last anläuft, ist bei der Festigkeitsberechnung mit dem Kippmoment des Elektromotors, gleich dem 2,3-fachen Nennmoment, zu rechnen. Der Betriebsfaktor für die Verschleißberechnung beträgt $c_{SG} = 1{,}9$.

4.2 Lösungshinweise

Die Festlegung der Zahnradabmessungen ist durch die gegebenen Gehäusemaße und das Rillenkugellager 61848 der Firma SKF bestimmt. Um den Einbau der Walze mit aufgeschrumpftem Zahnrad zu ermöglichen, muß der Außendurchmesser des Zahnrades kleiner sein als der des Wälzlagers. Da die Hohlwelle nicht unnötig geschwächt werden darf, sind die Zahnraddurchmesser möglichst groß zu wählen. Die Zahnradbreite ist durch den Lagerabstand von 170 mm eingegrenzt.

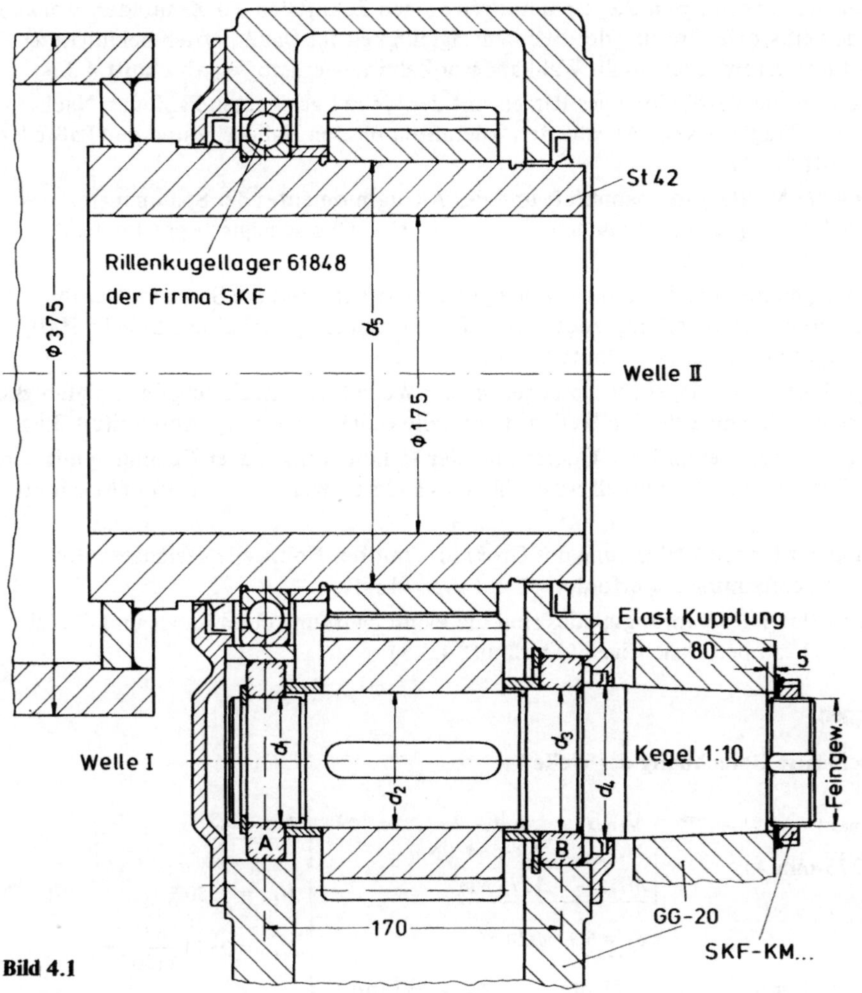

Bild 4.1

Die Wellendurchmesser ergeben sich aus der Konstruktion und dem eingeleiteten Drehmoment. Bei der Festlegung der Durchmesser und bei der Auswahl der Wälzlager ist zu beachten, daß der Abstand zwischen dem Rillenkugellager 61848 und dem Lager der Antriebswelle sehr klein ist. Nach Festlegung der Hauptabmessungen ist die Reihenfolge der erforderlichen Berechnungen nicht im einzelnen im voraus zu bestimmen.

In diesem Buch wird die Projektaufgabe in folgenden Schritten gelöst:

- Überschlägige Berechnung des Richtdurchmessers der Welle I aus St 50. Wahl der Maße d_1, d_2, d_3, d_4 und d_5, der erforderlichen Freistiche, des Feingewindes am Wellenende und einer passenden Spannmutter mit zugehörigem Sicherungselement (Abschnitt 4.3.1).
- Bestimmung des Übersetzungsverhältnisses, der Zähnezahlen, des Moduls, der Teil- und Kopfkreisdurchmesser, der Zahnbreiten und der Verzahnungsqualität der Getriebestufe (Abschnitt 4.3.2).

- Berechnung der vorhandenen Biegespannungen an den Zahnfüßen der Zahnräder. Vorwahl der Zahnradwerkstoffe. Prüfung der Flankentragfähigkeit für Dauerbetrieb bei mittlerer Ölzähigkeit und erforderlichenfalls Wahl anderer Zahnradwerkstoffe (Abschnitt 4.3.3).
- Auswahl der für die Verbindung des Ritzels mit der Welle I geeigneten Paßfeder. Nachrechnung ihrer Tragfähigkeit. Angabe der Toleranzen für den Nabensitz und den Paßfedersitz (Abschnitt 4.3.4).
- Berechnung der Montagevorspannkraft und des Anzugsmomentes der Spannmutter. Prüfung der Flächenpressung zwischen Kegel und Nabe. Überschlägige Berechnung der Festigkeit des Gewindezapfens.

  Dabei wird angenommen, daß das Gewinde geschmiert wird und die Spannmutter mit einem Drehmomentschlüssel angezogen wird. Der Berechnung wird eine 1,5-fache Haftsicherheit zugrunde gelegt (Abschnitt 4.3.5).
- Auswahl geeigneter Wälzlager für die Lagerung der Welle I, Nachrechnung der Tragfähigkeit und Angabe der Toleranz für den Wellensitz und die Gehäusebohrung (Abschnitt 4.3.6).
- Vergleich der in dem gefährdeten Querschnitt der Welle I vorhandenen Spannung mit der zulässigen Spannung und eventuell Auswahl eines anderen Wellenwerkstoffes (Abschnitt 4.3.7).
- Bestimmung der für die Verbindung des Großrades mit der Hohlwelle geeigneten Preßpassung, und Berechnung der erforderlichen Einpreßkraft.

  Bei der Ermittlung des Wirkungsgrades sind die Planschwirkung eines Rades und die Dichtung einer Welle zu berücksichtigen (Abschnitt 4.3.8).

4.3 Lösungen

4.3.1 Überschlägige Berechnung der Welle I

$d \approx c_1 \sqrt[3]{M_{t\,max\,1}}$

$d \approx 6{,}3 \sqrt[3]{1275}$ mm

$\underline{\underline{d \approx 68{,}3 \text{ mm}}}$

$M_{t\,max\,1} = c_{SB} M_{t\,n}$[1]

$M_{t\,max\,1} = 2{,}3 \cdot 564{,}3$ Nm

$\underline{M_{t\,max\,1} = 1275 \text{ Nm}}$

$\underline{c_1 = 6{,}3}$ für St 50

$\underline{c_{SB} = 2{,}3}$

$M_{t\,n} = 9550 \frac{P}{n}$

$M_{t\,n} = 9550 \frac{83}{1430}$ Nm

$\underline{M_{t\,n} = 564{,}3 \text{ Nm}}$

gewählt: $d_1 = 70$ mm, $d_3 = 75$ mm, $d_5 = 235$ mm, $d_2 = 71$ mm, $d_4 = 80$ mm

Nach DIN 323 R20 wäre $d_5 = 220$ mm zu wählen. Damit würde jedoch die Hohlwelle zu sehr geschwächt. Bei dem relativ großen Durchmesser kann in der Einzelteilfertigung auf den Einsatz von festen Prüflehren verzichtet werden.

Innendurchmesser des Wälzlagers 61848:

$48 \cdot 5 \text{ mm} = 240 \text{ mm}$

$d_5 = 240 \text{ mm} - 5 \text{ mm} = 235 \text{ mm}$

Die übrigen Maße sind nach DIN 3 und DIN 323 R20 oder passend zu den Innendurchmessern der Wälzlager gewählt.

[1] Der Betriebsfaktor wird bereits bei der Wellenberechnung berücksichtigt. Bei der Bestimmung der zulässigen Spannungen kann dann später, z. B. bei der Nachrechnung der Wellenquerschnitte, mit normaler Sicherheit gerechnet werden.

Kontrolle: $d_1 < d_2 < d_3 < d_4$

Gewindedurchmesser $\leqslant d_4 - 8{,}5$ mm = 71,5 mm

gewählt: Mutter KM 14 mit Gewinde M 70 × 2 für Wälzlager-Spannhülsen mit Sicherungsblech MB 14

Freistiche der Welle I: F 0,6 × 0,3 DIN 509

Freistiche der Welle II: F 1 × 0,4 DIN 509

4.3.2 Vorwahl der Zahnradabmessungen

$$i_{erf} = \frac{n_1}{n_2} = \frac{1430\ 1/\text{min}}{760\ 1/\text{min}}$$

$$\underline{\underline{i_{erf} = 1{,}8815}}$$

$d_1 \geqslant 2 \cdot$ Wellendurchmesser = $2 \cdot 71$ mm = 142 mm für ein aufgesetztes Ritzel

$$m \approx \frac{d_1}{z_1} = \frac{142\text{ mm}}{20 \ldots 25} = 5{,}68 \ldots 7{,}1\text{ mm}$$

$v = d_1 \pi n_1 = 0{,}142\text{ m}\,\pi \dfrac{1430\ 1/\text{min}}{60\ \text{s/min}}$

$v \approx 10{,}63$ m/s

$z_1 = 20 \ldots 25$ Zähne für $v > 5$ m/s

gewählt: $m = 6$ mm Nach DIN 780 Reihe 1

$d_2 \leqslant$ Lageraußendurchmesser $- 2 \cdot$ Modul = 300 mm $- 2 \cdot 6$ mm = 288 mm

m mm	z_1	z_2	i	d_1 mm	d_2 mm	a mm	n_2 1/min	b_1 mm	b_2 mm	d_{a1} mm	d_{a2} mm	d_{f1} mm	d_{f2} mm
6	20	38		Später ermittelte Werte der Getriebestufe werden nachträglich in die									
6	21	39/40		Tabelle eingetragen. Für die weitere Berechnung können dann alle									
6	22	41		Angaben dieser Tabelle entnommen werden.									
6	23	43											
6	24	45		144	270	207					282		
6	25	47	1,88	150	282	216	760,6	90	85	162	294		

Die oben ermittelten Bedingungen werden durch die Paarung $z_1 = 25$ und $z_2 = 47$ Zähne optimal erfüllt.

Kontrolle: $d_{a2} = 294$ Lageraußendurchmesser $D = 300$ mm

$$\text{Kranzdicke } e = \frac{d_{a2} - d_5}{2} = \frac{294\text{ mm} - 235\text{ mm}}{2} = 29{,}5\text{ mm}$$

$$> 4 \cdot m = 4 \cdot 6\text{ mm} = 24\text{ mm}$$

$b_1 = \psi_m\, m = 15 \cdot 6$ mm = 90 mm

$b_1 = \psi_d\, d_1 = 0{,}58 \cdot 150$ mm = 87 mm

$\psi_m = 15$ Fliegendes Rad,

$\psi_d = 0{,}58$ starre Welle

gewählt: $b_1 = 90$ mm

$b_2 = 85$ mm ← $b_2 = 0{,}9\,b_1 = 0{,}9 \cdot 90\text{ mm} = 81\text{ mm}$

$z_1 = 25$ Zähne | $b_2 = b_1 - (5 \ldots 10\text{ mm}) = 90\text{ mm} - (5 \ldots 10\text{ mm})$

$z_2 = 47$ Zähne | $b_2 = 80 \ldots 85\text{ mm}$

Da die Welle axial gut geführt ist, wird der größere Wert gewählt.

8. Qualität, entsprechend der Umfangsgeschwindigkeit nach den Richtlinien für die Wahl der Verzahnungsqualität.

$$d_1 = m\,z_1 = 6\text{ mm} \cdot 25 = 150\text{ mm}$$
$$d_2 = m\,z_2 = 6\text{ mm} \cdot 47 = 282\text{ mm}$$
$$a = m\,\frac{z_1 + z_2}{2} = 6\text{ mm}\,\frac{25 + 47}{2}$$
$$\underline{\underline{a = 216\text{ mm}}}$$

$$d_{a1} = d_1 + 2m = 150\text{ mm} + 2 \cdot 6\text{ mm}$$
$$\underline{\underline{d_{a1} = 162\text{ mm}}}$$
$$d_{a2} = d_2 + 2m = 282\text{ mm} + 12\text{ mm}$$
$$\underline{\underline{d_{a2} = 294\text{ mm}}}$$

Toleranz des Achsabstandes: $\pm$ 50 μm nach DIN 3964

$$n_2 = \frac{z_1 n_1}{z_2} = \frac{25 \cdot 1430\text{ 1/min}}{47} = 760{,}6\text{ 1/min}$$

Die ermittelten Werte werden nachträglich in obige Tabelle eingetragen.

Nach der Vorwahl der Hauptabmessungen ist durch einen 1. Entwurf zu prüfen, ob eine einwandfreie Gestaltung des Getriebes möglich ist. Dabei ist unbedingt zu prüfen, ob alle Einzelteile montiert werden können.

4.3.3 Berechnung der Zahnradwerkstoffe

Da die 8. Verzahnungsqualität gewählt wurde, kann die vereinfachte Berechnung angewendet werden.

$$\sigma_{F\,lim\,1} \geqslant S_{F\,min}\,\frac{F_{t\,max}}{b_1 m_n}\,Y_{F1}\,Y_\beta$$
$$\sigma_{F\,lim\,1} \geqslant 2\,\frac{17000\text{ N}}{90\text{ mm} \cdot 6\text{ mm}}\,2{,}73 \cdot 1$$
$$\underline{\underline{\sigma_{F\,lim\,1} \geqslant 170{,}9\text{ N/mm}^2}}$$

$$\sigma_{F\,lim\,2} \geqslant S_{F\,min}\,\frac{F_{t\,max}}{b_2 m_n}\,Y_{F2}\,Y_\beta$$
$$\sigma_{F\,lim\,2} \geqslant 2\,\frac{17000\text{ N}}{85\text{ mm} \cdot 6\text{ mm}}\,2{,}38 \cdot 1$$
$$\underline{\underline{\sigma_{F\,lim\,2} \geqslant 158{,}6\text{ N/mm}^2}}$$

$$F_{t\,max} = \frac{2M_{t\,max\,1}}{d_1}$$
$$F_{t\,max} = \frac{2 \cdot 1275\text{ Nm}}{0{,}15\text{ m}}$$
$$\underline{F_{t\,max} = 17000\text{ N}}$$
$$\underline{S_{F\,min} = 2}$$
$$\underline{Y_\beta = 1}, \text{ da } \beta = 0^\circ$$
$$\underline{Y_{F1} = 2{,}73}$$
$$\underline{Y_{F2} = 2{,}38}$$

Vorwahl der Zahnradwerkstoffe: Ritzel und Rad aus Stahl

$$\sigma_{\mathrm{H\,lim}} \geqslant S_{\mathrm{H\,min}} \sqrt{\frac{F_{\mathrm{tH}}}{b_{\min} d_1} \cdot \frac{u+1}{u} \cdot \frac{Z_{\mathrm{M}} Z_{\mathrm{H}}}{K_{\mathrm{L}}}}$$

$$\sigma_{\mathrm{H\,lim}} \geqslant 1{,}5 \sqrt{\frac{1404}{85 \cdot 150} \cdot \frac{1{,}88+1}{1{,}88} \cdot \frac{270 \cdot 1{,}76}{1}}\ \mathrm{N/mm^2}$$

$$\underline{\underline{\sigma_{\mathrm{H\,lim}} \geqslant 926\ \mathrm{N/mm^2}}}$$

Der Betriebsfaktor für die Materialermüdung ist kleiner als der für die Dauerbruchbeanspruchung. Daher ändert sich die Umfangskraft entsprechend.

$$F_{\mathrm{tH}} = \frac{c_{\mathrm{SG}}}{c_{\mathrm{SB}}} F_{\mathrm{t\,max}}$$

$$F_{\mathrm{tH}} = \frac{1{,}9}{2{,}3}\ 17\ \mathrm{kN}$$

$\underline{F_{\mathrm{tH}} = 14040\ \mathrm{N}}$

$\underline{S_{\mathrm{H\,min}} = 1{,}5}$

$\underline{Z_{\mathrm{M}} = 270}$ für St-St

$\underline{Z_{\mathrm{H}} = 1{,}76}$ für geradverzahnte Null-Stirnräder

$\underline{K_{\mathrm{L}} = 1}$, da die Ölwerte nicht bekannt sind.

Wahl der Zahnradwerkstoffe
Ritzel und Rad: Ck 45 umlaufgehärtet

$\sigma_{\mathrm{F\,lim}} = 270\ \mathrm{N/mm^2} > 170{,}9\ \mathrm{N/mm^2} > 158{,}6\ \mathrm{N/mm^2}$
$\sigma_{\mathrm{H\,lim}} = 1100\ \mathrm{N/mm^2} > 926\ \mathrm{N/mm^2}$

Schmierstoffaktor K_{L}

$$K_{\mathrm{L\,min}} = \frac{926\ \mathrm{N/mm^2}}{1100\ \mathrm{N/mm^2}} = 0{,}84$$

Es kann ein Getriebeöl mit einer Ölzähigkeit von mindestens 50 cSt bei Betriebstemperatur verwendet werden.

4.3.4 Berechnung der Paßfederverbindung

vorgewählt: Paßfeder A 20 × 12 × 80 DIN 6885 St 50k
Nabensitz: H7/k6 Paßfedersitz: P9–P9

$$p = \frac{4 M_{\mathrm{t\,max\,1}}}{d_2 h l} = \frac{4 \cdot 1275\ \mathrm{Nm}}{71\ \mathrm{mm} \cdot 12\ \mathrm{mm} \cdot 60\ \mathrm{mm}}$$

$l = L - b = 80\ \mathrm{mm} - 20\ \mathrm{mm}$
$l = 60\ \mathrm{mm}$

$\underline{\underline{p = 99{,}8\ \mathrm{N/mm^2}}} \mathrel{\hat{=}} p_{\mathrm{zul}} = 70 \ldots 150\ \mathrm{N/mm^2}$ für St, schwellend

4.3.5 Berechnung der Kegelverbindung

$$F_{\mathrm{n\,erf}} = \frac{2 M_{\mathrm{t\,max\,2}} \nu_{\mathrm{H}}}{d_{\mathrm{m}} \mu}$$

$$F_{\mathrm{n\,erf}} = \frac{2 \cdot 1275\ \mathrm{Nm} \cdot 1{,}5}{76{,}75\ \mathrm{mm} \cdot 0{,}15}$$

$$\underline{\underline{F_{\mathrm{n\,erf}} = 332\ \mathrm{kN}}}$$

ν_{H} = Haftsicherheit = 1,5

$$d_{\mathrm{m}} = 80\ \mathrm{mm} - \frac{5\ \mathrm{mm}}{10} - \frac{80\ \mathrm{mm} - 5\ \mathrm{mm}}{2 \cdot 10}$$

$\underline{d_{\mathrm{m}} = 76{,}75\ \mathrm{mm}}$

$\underline{\mu = 0{,}15}$ für St-GG, trocken

Da die Drehzahl relativ hoch ist, kann auf die Prüfung der stat. Tragsicherheit verzichtet werden.

Verschleißlaufzeit

L_V = 20000 Stunden für $f_V = 7$; Feld *e*

Wenn die geforderte Lebensdauer L_h = 25 000 Stunden erreicht werden soll, muß die Lagerung sehr sorgfältig abgedichtet werden, so daß Feld *d* gewählt werden kann.

gewählt: Wellendichtring BA 250 × 280 × 15 DIN 3760–NB
Wellendichtring BA SL 230 × 260 × 15 SIMRIT–NB
Wellendichtring BA 80 × 100 × 10 DIN 3760–NB
Sicherungsring 230 × 5 DIN 472
Sicherungsring 65 × 2,5 DIN 471

Durch den engen Spalt zwischen Welle und Gehäuse erfolgt eine zusätzliche Dichtwirkung.

4.3.7 Nachrechnung der Welle I

Querschnitt „Mitte Paßfeder"

$$\sigma_v = \sqrt{\sigma_b^2 + 3(\alpha_0 \tau_t)^2}$$
$$\sigma_v = \sqrt{21{,}5^2 + 3(0{,}7 \cdot 17{,}8)^2}\ \text{N/mm}^2$$
$$\underline{\underline{\sigma_v = 30{,}5\ \text{N/mm}^2}}$$

$$\sigma_b = \frac{M_b}{W}$$
$$\sigma_b = \frac{768\ \text{Nm}}{35800\ \text{mm}^3}$$
$$\underline{\sigma_b = 21{,}5\ \text{N/mm}^2}$$

$$M_b = F_A \frac{l}{2}$$
$$M_b = 9{,}045\ \text{kN}\ \frac{170\ \text{mm}}{2}$$
$$\underline{M_b = 768\ \text{Nm}}$$

$$W = 0{,}1\, d^3$$
$$W = 0{,}1 \cdot 71^3\ \text{mm}^3$$
$$\underline{W = 35800\ \text{mm}^3}$$

$$\tau_t = \frac{M_{t\,max\,1}}{W_p}$$
$$\tau_t = \frac{1275\ \text{Nm}}{71600\ \text{mm}^3}$$
$$\underline{\tau_t = 17{,}8\ \text{N/mm}^2}$$

$$W_p = 0{,}2\, d^3$$
$$\underline{W_p = 71600\ \text{mm}^3}$$

$$\underline{\alpha_0 = 0{,}7}$$

$$\sigma_{zul} = \frac{\sigma_D\, b_1 b_2}{\beta_k\, \nu}$$
$$\sigma_{zul} = \frac{260\ \text{N/mm}^2 \cdot 0{,}9 \cdot 0{,}76}{1{,}5 \cdot 1{,}7}$$
$$\underline{\underline{\sigma_{zul} = 69{,}7\ \text{N/mm}^2}}$$

$\underline{\sigma_D = \sigma_{b\,W} = 260\ \text{N/mm}^2}$ für St 50

$\underline{b_1 = 0{,}9}$

$\underline{b_2 = 0{,}76}$

$\underline{\beta_k = 1{,}7}$

$\underline{\nu = 1{,}5}$

Eine Nachrechnung der übrigen Querschnitte der Welle ist nicht erforderlich.

Vorwahl der Zahnradwerkstoffe: Ritzel und Rad aus Stahl

$$\sigma_{H\,lim} \geqslant S_{H\,min}\sqrt{\frac{F_{tH}}{b_{min}d_1}\cdot\frac{u+1}{u}\cdot\frac{Z_M Z_H}{K_L}}$$

$$\sigma_{H\,lim} \geqslant 1{,}5\sqrt{\frac{1404}{85\cdot 150}\cdot\frac{1{,}88+1}{1{,}88}}\cdot\frac{270\cdot 1{,}76}{1}\ \text{N/mm}^2$$

$$\underline{\underline{\sigma_{H\,lim} \geqslant 926\ \text{N/mm}^2}}$$

Der Betriebsfaktor für die Materialermüdung ist kleiner als der für die Dauerbruchbeanspruchung. Daher ändert sich die Umfangskraft entsprechend.

$F_{tH} = \frac{c_{SG}}{c_{SB}} F_{t\,max}$

$F_{tH} = \frac{1{,}9}{2{,}3}\ 17\ \text{kN}$

$\underline{F_{tH} = 14040\ \text{N}}$

$\underline{S_{H\,min} = 1{,}5}$

$\underline{Z_M = 270}$ für St-St

$\underline{Z_H = 1{,}76}$ für geradverzahnte Null-Stirnräder

$\underline{K_L = 1}$, da die Ölwerte nicht bekannt sind.

Wahl der Zahnradwerkstoffe
Ritzel und Rad: Ck 45 umlaufgehärtet

$\sigma_{F\,lim} = 270\ \text{N/mm}^2 > 170{,}9\ \text{N/mm}^2 > 158{,}6\ \text{N/mm}^2$
$\sigma_{H\,lim} = 1100\ \text{N/mm}^2 > 926\ \text{N/mm}^2$

Schmierstoffaktor K_L

$$K_{L\,min} = \frac{926\ \text{N/mm}^2}{1100\ \text{N/mm}^2} = 0{,}84$$

Es kann ein Getriebeöl mit einer Ölzähigkeit von mindestens 50 cSt bei Betriebstemperatur verwendet werden.

4.3.4 Berechnung der Paßfederverbindung

vorgewählt: Paßfeder A 20 × 12 × 80 DIN 6885 St 50k
Nabensitz: H7/k6 Paßfedersitz: P9–P9

$$p = \frac{4\,M_{t\,max\,1}}{d_2 h l} = \frac{4\cdot 1275\ \text{Nm}}{71\ \text{mm}\cdot 12\ \text{mm}\cdot 60\ \text{mm}}$$

$\underline{\underline{p = 99{,}8\ \text{N/mm}^2}} \mathrel{\hat=} p_{zul} = 70\ \ldots\ 150\ \text{N/mm}^2$ für St, schwellend

$l = L - b = 80\ \text{mm} - 20\ \text{mm}$
$l = 60\ \text{mm}$

4.3.5 Berechnung der Kegelverbindung

$$F_{n\,erf} = \frac{2\,M_{t\,max\,2}\,\nu_H}{d_m\,\mu}$$

$$F_{n\,erf} = \frac{2\cdot 1275\ \text{Nm}\cdot 1{,}5}{76{,}75\ \text{mm}\cdot 0{,}15}$$

$$\underline{\underline{F_{n\,erf} = 332\ \text{kN}}}$$

ν_H = Haftsicherheit = 1,5

$d_m = 80\ \text{mm} - \frac{5\ \text{mm}}{10} - \frac{80\ \text{mm} - 5\ \text{mm}}{2\cdot 10}$

$\underline{d_m = 76{,}75\ \text{mm}}$

$\underline{\mu = 0{,}15}$ für St-GG, trocken

Montagevorspannkraft der Schraubenverbindung

$F_{VM} = k_A\, k_L\, k_{Kl}$

$F_{VM} = 1{,}4 \cdot 1{,}2 \cdot 65{,}6$ kN

$\underline{F_{VM} = 110 \text{ kN}}$

$k_A = 1{,}4$

$k_L = 1{,}2$

$F_{Kl} = F_a$

$F_{Kl} = F_{n\,erf} \sin\left(\frac{\alpha}{2} + \rho\right)$

$F_{Kl} = 332 \text{ kN} \sin 11{,}4°$

$F_{Kl} = 65{,}6$ kN

$\frac{\alpha}{2} = 2{,}86°$

$\rho = 8{,}52°$

$\frac{\alpha}{2} + \rho = 11{,}4°$

Anzugsmoment

$M_A = F_{VM}\left[\frac{d_2}{2}\tan(\varphi + \rho') + \mu_A\, r_A\right]$

$M_A = 110 \text{ kN}\left[\frac{68{,}7 \text{ mm}}{2}\tan 8{,}527° + 0{,}1 \cdot 39 \text{ mm}\right]$

$\underline{M_A = 994 \text{ Nm}}$

$d_2 = 68{,}7$ mm

$\tan\varphi = \frac{P}{d_2 \pi}$

$\tan\varphi = \frac{2 \text{ mm}}{68{,}7 \text{ mm} \cdot \pi}$

$\tan\varphi = 0{,}0092$

$\varphi = 0{,}527°$

$\rho' = 8°$

$\varphi + \rho' = 8{,}527°$

$\mu_A = 0{,}1$ für St-St

$r_A = \frac{70 \text{ mm} + 85 \text{ mm}}{4}$

$r_A = 39$ mm

Überschlägige Spannungsermittlung

$\sigma_{VM} = \frac{F_{VM}}{A_S} = \frac{110 \text{ kN}}{3650 \text{ mm}^2}$

$\sigma_{VM} = 30{,}1 \text{ N/mm}^2 < 0{,}7\, \sigma_{0,2}$

$\sigma_{VM} < 0{,}7 \cdot 300 \text{ N/mm}^2$

$\underline{\sigma_{VM} = 30{,}1 \text{ N/mm}^2 \ll 210 \text{ N/mm}^2}$

$A_S = \frac{\pi}{4}\left(\frac{d_2 + d_3}{2}\right)^2$

$A_S = \frac{\pi}{4}\left(\frac{68{,}7 + 67{,}55}{2}\right)^2$

$A_S = 3650 \text{ mm}^2$

$\sigma_{0,2} = 300 \text{ N/mm}^2$ für St 50

Flächenpressung

$p = \frac{F_r}{d_m\, \pi\, l}$

$p = \frac{545 \text{ kN}}{76{,}75 \text{ mm} \cdot \pi \cdot 75 \text{ mm}}$

$\underline{p = 30{,}1 \text{ N/mm}^2}$

$F_r = \frac{F_{a\,max}}{\tan\left(\frac{\alpha}{2} + \rho\right)}$

$F_r = \frac{110 \text{ kN}}{\tan 11{,}4°}$

$F_r = 545$ kN

$F_{a\,max} = F_{VM} = 110$ kN

$p < p_{zul} = 80 \ldots 100 \text{ N/mm}^2$ für GG, ruhend

Wenn die Mutter mit einem Schlagschlüssel „voll" angezogen wird, kann die Montagevorspannkraft erheblich größer werden.

$F_{VM\,max} \approx 0{,}9\, \sigma_{0,2}\, A_S = 0{,}9 \cdot 300 \text{ N/mm}^2 \cdot 3650 \text{ mm}^2 = 985 \text{ kN}$

Dann wird $p_{max} = 30{,}1\ \text{N/mm}^2 \cdot \dfrac{985\ \text{kN}}{110\ \text{kN}} = 270\ \text{N/mm}^2 > p_{zul} = 80 \ldots 100\ \text{N/mm}^2$

Die Mutter muß also kontrolliert angezogen werden.

4.3.6 Berechnung der Wälzlager

Auflagerkräfte

$$\underline{\underline{F_A = F_B}} = \frac{F_n}{2} = \underline{\underline{9{,}045\ \text{kN}}}$$

$F_{bn} = 1{,}065\, F_{t\,max}$
$= 1{,}065 \cdot 17\ \text{kN}$
$\underline{F_{bn} = 18{,}09\ \text{kN}}$

Dynamische Tragzahl

$$C_{erf} = \frac{P f_L}{f_n f_t} = \frac{7{,}46\ \text{kN} \cdot 3{,}68}{0{,}287 \cdot 1}$$

$\underline{\underline{C_{erf} = 95{,}7\ \text{kN}}}$ für Kugellager

$$C_{erf} = \frac{7{,}46\ \text{kN} \cdot 3{,}23}{0{,}325 \cdot 1}$$

$\underline{\underline{C_{erf} = 74{,}1\ \text{kN}}}$ für Rollenlager

Der Betriebsfaktor für die Materialermüdung ist kleiner als der Betriebsfaktor für die Dauerbeanspruchung.

Die Lagerbelastung kann im Verhältnis der Betriebsfaktoren umgerechnet werden.

$$P = F_A \frac{c_{SG}}{c_{SB}} = 9{,}045\ \text{kN}\ \frac{1{,}9}{2{,}3}$$

$\underline{P = 7{,}46\ \text{kN}}$

$\underline{f_L = 3{,}68}$ für Kugellager

$\underline{f_L = 3{,}23}$ für Rollenlager

$\underline{f_n = 0{,}287}$ für Kugellager

$\underline{f_n = 0{,}325}$ für Rollenlager

$\underline{f_t = 1}$ $t < 150\ °\text{C}$

vorgewählt: Rillenkugellager 6414 — $C = 112$ kN, $d = 70$ mm, $D = 180$ mm, $B = 42$ mm
Rillenkugellager 6415 — $C = 120$ kN, $d = 75$ mm, $D = 190$ mm, $B = 45$ mm

Funktion: $a_0 > \dfrac{D_1}{2} + \dfrac{D_A}{2} + 5\ \text{mm} = \dfrac{300\ \text{mm}}{2} + \dfrac{180\ \text{mm}}{2} + 5\ \text{mm} = 245\ \text{mm}$

$a_0 = 216\ \text{mm} < 245\ \text{mm}$ Die Bedingung ist nicht erfüllt!

Der Außendurchmesser des Wälzlagers A darf höchstens 120 mm betragen.

neu gewählt: Zylinderrollenlager NUP 213 als Lager A
$C = 73{,}5$ kN, $d = 65$ mm, $D = 120$ mm, $B = 23$ mm. Der Durchmesser d_1 wird entsprechend geändert.

Die geringfügige Überschreitung der Tragzahl kann in der Regel verantwortet werden. Wenn Bedenken bezüglich der Tragzahl bestehen, kann das Lager NUP 213E mit $C = 100$ kN verwendet werden. Steht dies nicht zur Verfügung, ist das Lager NUP 2213 mit $C = 108$ kN Tragfähigkeit zu wählen. Letzteres hat gleiche Lagerdurchmesser, ist jedoch breiter als das Lager NUP 213.

Zylinderrollenlager NUP 215 als Lager B

Toleranz für die Gehäusebohrung: H7

Toleranz für den Wellensitz: k5 $\dfrac{P}{C} \approx 0{,}1$

Da die Drehzahl relativ hoch ist, kann auf die Prüfung der stat. Tragsicherheit verzichtet werden.

Verschleißlaufzeit

L_V = 20000 Stunden für $f_V = 7$; Feld *e*

Wenn die geforderte Lebensdauer L_h = 25 000 Stunden erreicht werden soll, muß die Lagerung sehr sorgfältig abgedichtet werden, so daß Feld *d* gewählt werden kann.

gewählt: Wellendichtring BA 250 × 280 × 15 DIN 3760–NB
Wellendichtring BA SL 230 × 260 × 15 SIMRIT–NB
Wellendichtring BA 80 × 100 × 10 DIN 3760–NB
Sicherungsring 230 × 5 DIN 472
Sicherungsring 65 × 2,5 DIN 471

Durch den engen Spalt zwischen Welle und Gehäuse erfolgt eine zusätzliche Dichtwirkung.

4.3.7 Nachrechnung der Welle I

Querschnitt „Mitte Paßfeder"

$$\sigma_v = \sqrt{\sigma_b^2 + 3\,(\alpha_0\,\tau_t)^2}$$

$$\sigma_v = \sqrt{21{,}5^2 + 3\,(0{,}7 \cdot 17{,}8)^2}\ \text{N/mm}^2$$

$$\underline{\underline{\sigma_v = 30{,}5\ \text{N/mm}^2}}$$

$$\sigma_b = \frac{M_b}{W}$$

$$\sigma_b = \frac{768\ \text{Nm}}{35800\ \text{mm}^3}$$

$$\underline{\sigma_b = 21{,}5\ \text{N/mm}^2}$$

$$M_b = F_A\,\frac{l}{2}$$

$$M_b = 9{,}045\ \text{kN}\,\frac{170\ \text{mm}}{2}$$

$$\underline{M_b = 768\ \text{Nm}}$$

$$W = 0{,}1\,d^3$$

$$W = 0{,}1 \cdot 71^3\ \text{mm}^3$$

$$\underline{W = 35800\ \text{mm}^3}$$

$$\tau_t = \frac{M_{t\,max\,1}}{W_p}$$

$$\tau_t = \frac{1275\ \text{Nm}}{71600\ \text{mm}^3}$$

$$\underline{\tau_t = 17{,}8\ \text{N/mm}^2}$$

$$W_p = 0{,}2\,d^3$$

$$\underline{W_p = 71600\ \text{mm}^3}$$

$$\underline{\alpha_0 = 0{,}7}$$

$$\sigma_{zul} = \frac{\sigma_D\,b_1 b_2}{\beta_k\,\nu}$$

$$\sigma_{zul} = \frac{260\ \text{N/mm}^2 \cdot 0{,}9 \cdot 0{,}76}{1{,}5 \cdot 1{,}7}$$

$$\underline{\underline{\sigma_{zul} = 69{,}7\ \text{N/mm}^2}}$$

$\underline{\sigma_D = \sigma_{b\,W} = 260\ \text{N/mm}^2}$ für St 50

$\underline{b_1 = 0{,}9}$

$\underline{b_2 = 0{,}76}$

$\underline{\beta_k = 1{,}7}$

$\underline{\nu = 1{,}5}$

Eine Nachrechnung der übrigen Querschnitte der Welle ist nicht erforderlich.

4.3.8 Berechnung der Preßpassung

Zur Übertragung des Drehmomentes darf die kleinste Fugenpressung p_k nicht unterschritten werden.

$$p_k = \frac{F_{Ru}}{A_F \nu_u} = \frac{\nu_H F_u}{A_F \nu_u}$$

$$p_k = \frac{1{,}5 \cdot 19{,}7 \text{ kN}}{62753 \text{ mm}^2 \cdot 0{,}1}$$

$$\underline{\underline{p_k = 4{,}71 \text{ N/mm}^2}}$$

$$F_u = \frac{2 M_{t\,max\,2}}{d_5}$$

$$F_u = \frac{2 \cdot 2313 \text{ Nm}}{235 \text{ mm}}$$

$$\underline{F_u = 19{,}7 \text{ kN}}$$

$$\underline{\nu_H = 1{,}5 \ldots 2{,}5}$$

$$\underline{\nu_u = 0{,}05 \ldots 0{,}17}$$

gewählt: $\nu_H = 1{,}5$

$\nu_u = 0{,}1$

$$A_F = d_F b_2 \pi$$

$$A_F = 235 \text{ mm} \cdot \pi \cdot 85 \text{ mm}$$

$$\underline{A_F = 62753 \text{ mm}^2}$$

$$\underline{d_5 = 235 \text{ mm}}$$

$$\eta_{ges} = \eta_L^2 \eta_Z \eta_D$$

$$\eta_{ges} = 0{,}99^2 \cdot 0{,}995 \cdot 0{,}98$$

$$\underline{\eta_{ges} = 0{,}955}$$

Wirkungsgrade

η_L Lager

η_Z Zahneingriff

η_D Dichtung

$$M_{t\,max\,2} = M_{t\,max\,1}\, i\, \eta_{ges}$$

$$M_{t\,max\,2} = 1275 \text{ Nm} \cdot 1{,}88 \cdot 0{,}955$$

$$\underline{M_{t\,max\,2} = 2313 \text{ Nm}}$$

Aus der kleinsten Fugenpressung ergibt sich das kleinste erforderliche Übermaß.

$$U_k = Z_k + \Delta U$$

$$U_k = 60{,}9 \text{ µm} + 9{,}6 \text{ µm}$$

$$\underline{\underline{U_k = 70{,}5 \text{ µm}}}$$

$$\Delta U = 1{,}2\, \Sigma R_t$$

$$\Delta U = 1{,}2 \cdot 8 \text{ µm}$$

$$\underline{\Delta U = 9{,}6 \text{ µm}}$$

$$Z_k = p_k d_F (K_A + K_I)\, 10^3$$

$$Z_k = 4{,}71 \cdot 235 \cdot (0{,}4 + 0{,}15)\, 10^{-1} \text{ µm}$$

$$\underline{Z_k = 60{,}1 \text{ µm}}$$

$$\underline{K_A = 0{,}4 \cdot 10^{-4}}$$

$$Q_A = \frac{d_F}{d_{Aa}}$$

$$Q_A = \frac{235 \text{ mm}}{268 \text{ mm}}$$

$$\underline{Q_A = 0{,}88}$$

$$\underline{K_I = 0{,}15 \cdot 10^{-4}}$$

$$Q_I = \frac{d_{Ii}}{d_F}$$

$$Q_I = \frac{175 \text{ mm}}{235 \text{ mm}}$$

$$\underline{Q_I = 0{,}74}$$

Für eine elastische Preßpassung darf die größte zulässige Fugenpressung nicht überschritten werden.

$$p_{gA} = \sigma_{SA} \frac{1 - Q_A^2}{1 + Q_A^2} = (600 \ldots 900) \text{ N/mm}^2 \, \frac{1 - 0{,}88^2}{1 + 0{,}88^2}$$

$$\underline{\underline{p_{gA} = 76 \ldots 117 \text{ N/mm}^2}}$$

$$p_{gI} = \sigma_{SI} \frac{1 - Q_I^2}{2} = 260 \text{ N/mm}^2 \, \frac{1 - 0{,}74^2}{2}$$

$$\underline{\underline{p_{gI} = 58{,}8 \text{ N/mm}^2}} < p_{gA} = 76 \ldots 117 \text{ N/mm}^2$$

Maßgebend für das größte zulässige Übermaß ist der kleinere Wert.

$$U_g = Z_g + \Delta U$$

$$U_g = 760{,}1 \text{ µm} + 9{,}6 \text{ µm}$$

$$\underline{\underline{U_g = 770 \text{ µm}}}$$

$$Z_g = p_g d_F (K_A + K_I)\, 10^3$$

$$Z_g = 58{,}8 \cdot 235 \cdot 0{,}55 \cdot 10^{-1} \text{ µm}$$

$$\underline{Z_g = 760{,}1 \text{ µm}}$$

Damit ergibt sich die Toleranz der Passung:

$$T_p = U_g - U_k = 770\ \mu m - 71\ \mu m = 699\ \mu m$$

Für die Bohrung darf maximal eine Toleranz von 0,6 T_p = 419 µm zugelassen werden. Max. ist also die 11. Qualität zulässig. Damit würde jedoch die Einpreßkraft zu groß werden.

gewählt:

$$\phi\ 235\ \frac{H7}{s6}\quad \begin{matrix} +46 \\ 0 \\ +169 \\ +140 \end{matrix} \qquad \begin{matrix} U'_k = 94\ \mu m > U_k = 70{,}5\ \mu m \\ U'_g = 169\ \mu m < U_g = 770\ \mu m \end{matrix}$$

Mit diesen Werten läßt sich für die Längspreßpassung die größte Einpreßkraft errechnen.

$$F_e = A_F\, p'_g\, \nu_e$$

$$F_e = 62753\ mm^2 \cdot 12{,}3\ N/mm^2 \cdot 0{,}14$$

$$\underline{\underline{F_e = 108\ kN}}$$

$$p'_g = \frac{U'_g - \Delta U}{Z_g}\, p_g$$

$$p'_g = \frac{169\ \mu m - 9{,}6\ \mu m}{760{,}1\ \mu m}\ 58{,}8\ N/mm^2$$

$$\underline{p'_g = 12{,}3\ N/mm^2}$$

$$\underline{\nu_e = 0{,}054 \ldots 0{,}22}$$

gewählt: $\nu_e = 0{,}14$

Zur Vermeidung des Slip-Stick-Effektes ist eine etwa 2-fache Preßkraftreserve erforderlich!

Für das Einpressen ist eine Presse mit einer Preßkraft von 200 kN erforderlich.

5 Antrieb einer Förderbandrolle

5.1 Aufgabenstellung

Der Antrieb einer Förderbandrolle soll wie im Bild 5.1 dargestellt erfolgen. Als Zahnräder sind geradverzahnte Nullstirnräder vorgesehen. Die schwellende Nennleistung von 2,7 kW wird über das Ritzel mit 960 1/min eingeleitet. Die Rolle soll einen Außendurchmesser von 180 mm erhalten. Die Fördergeschwindigkeit beträgt 3,14 m/s.

Gehäuse und Laufrolle sollen aus GG-30 hergestellt werden. Die Betriebsverhältnisse sollen durch einen Betriebsfaktor $c_{SB} = c_{SG}$ = 1,5 berücksichtigt werden.

Die Berechnungen sind mit normaler Sicherheit durchzuführen.

5.2 Lösungshinweise

Die Aufgabe ist durch die Konstruktion weitgehend festgelegt. Da das Gehäuse kleiner sein soll als die Rolle, muß die Größe der Zahnradstufe eingeengt werden. Für die Zahnradstufe ergibt sich damit folgender Zusammenhang:

- Der Wellendurchmesser der Ritzelwelle beeinflußt die Ritzelgröße.
- Die Ritzelgröße beeinflußt die Maße des Großrades.
- Die Maße der Zahnräder beeinflussen die Zahnradwerkstoffe.

Die weitere Reihenfolge der Rechnungsgänge ist beliebig.

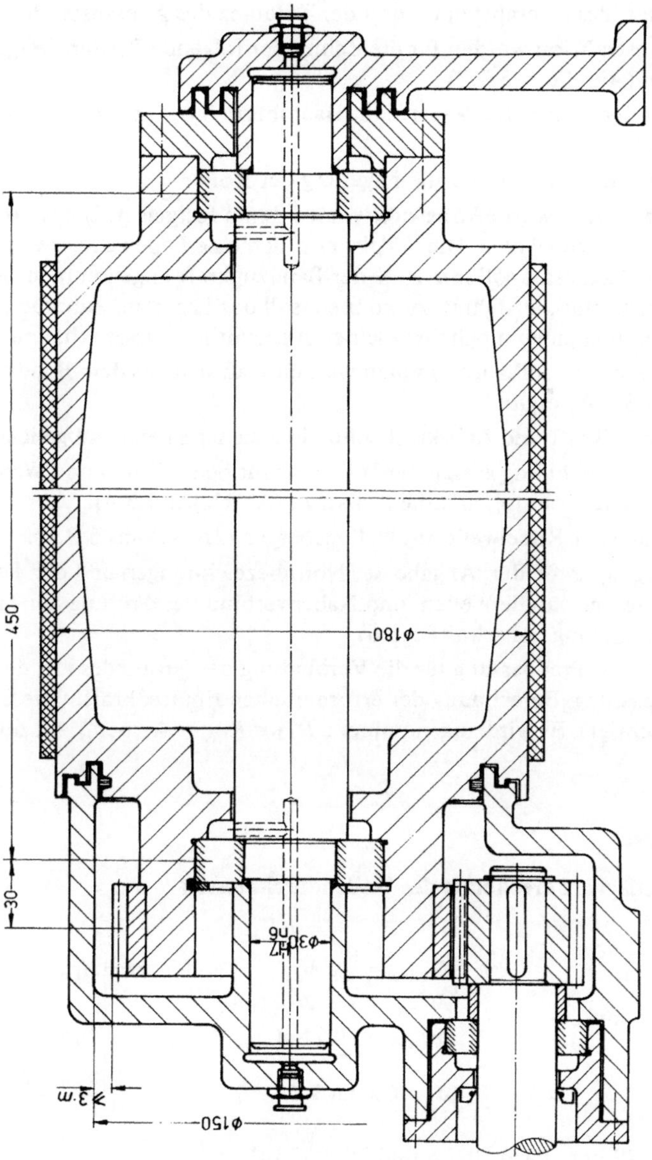

Bild 5.1

Die Aufgabe soll in folgender Reihenfolge gelöst werden:

- Überschlägige Berechnung der Wellendurchmesser für das aufzusetzende Ritzel. Als Wellenwerkstoff ist St 50 vorgesehen (Abschnitt 5.3.1).
- Bestimmung des Übersetzungsverhältnisses, der Zähnezahlen, des Moduls, der Verzahnungsqualität, des Achsabstandes und der Toleranz des Achsabstandes.

  Aus der Konstruktion wurden für die Zahnräder folgende Breiten festgelegt: $b_1 = 40$ mm; $b_2 = 35$ mm (Abschnitt 5.3.2).
- Berechnung der Zahnradwerkstoffe für Dauerbetrieb bei „mittlerer“ Ölzähigkeit (Abschnitt 5.3.3).
- Bestimmung der Wälzlager für die Lagerung der Rolle.

  Der Durchmesser d wurde konstruktiv mit 30 mm festgelegt. Die weiteren Maße der Achse sind konstruktiv zu wählen. Die Wälzlager sollen eine Lebensdauer von 30000 Stunden erreichen. Die Axialkraft soll mit 10 % der Bandzugkraft angenommen werden. Um die Hohlwelle genügend stark ausführen zu können, soll das Lager am Zahnrad als Loslager ausgeführt werden und einen möglichst kleinen Außendurchmesser erhalten.

  Für die Berechnung soll angenommen werden, daß sich aus dem Bandzug eine Achsbelastung von 3,5 F_u ergibt.

  Zahnradnormalkraft und Achskraft sollen in gleicher Ebene und gleicher Richtung wirken.

  Angabe der Bezeichnung geeigneter Wälzlager für beide Seiten und Wahl der Toleranzen für die Laufrollenbohrung und die Achssitze (Abschnitt 5.3.4).
- Nachrechnung der Ritzelwelle am Wellenübergang (Abschnitt 5.3.5).
- Bestimmung der Paßfeder, Angabe der Normbezeichnungen und der Toleranzen für die Paßfedersitze und für die Wellen- und Nabenverbindung. Prüfung der Tragfähigkeit der Paßfederverbindung (Abschnitt 5.3.6).
- Bestimmung der Preßpassung für die Verbindung des Großrades mit der Laufrolle als Längspreßpassung. Berechnung der erforderlichen Einpreßkraft. (Die Einpreßfase bleibt unberücksichtigt). Es wird angenommen: $R_{t\,I} = R_{t\,A} = 4\ \mu m$; $\nu_H = 1{,}5$ (Abschnitt 5.3.7).

5.3 Lösungen

5.3.1 Überschlägige Berechnung des Wellendurchmessers

$$d \approx c_1 \sqrt[3]{M_{t\,max}}$$

$$d \approx 6{,}3 \sqrt[3]{40{,}5}\ \text{mm}$$

$$\underline{\underline{d = 21{,}6\ \text{mm}}}$$

$$M_{t\,max} = c_{SB}\, M_{t\,n}$$

$$M_{t\,max} = 1{,}5 \cdot 26{,}9\ \text{Nm}$$

$$\underline{M_{t\,max} = 40{,}5\ \text{Nm}}$$

$$\underline{c_1 = 6{,}3} \quad \text{für St 50}$$

$$M_{t\,n} = 9550 \frac{P}{n}$$

$$M_{t\,n} = 9550 \frac{2{,}7}{960}\ \text{Nm}$$

$$\underline{M_{t\,n} = 26{,}9\ \text{Nm}}$$

Gewählt: $d = 22$ mm nach DIN 3 und DIN 323 R20

5.3.2 Wahl der Zahnradabmessungen

$$n_{\text{der Rolle}} = \frac{v}{d\pi} = \frac{3140\ \text{mm/s} \cdot 60\ \text{s/min}}{180\ \text{mm} \cdot \pi} = 333{,}33\ 1/\text{min}$$

$i = \frac{n_1}{n_2} = \frac{960\ 1/\text{min}}{333{,}33\ 1/\text{min}} = 2{,}88$

$\underline{\underline{i = 2{,}88}}$

$d_1 \geqslant 2 \cdot$ Wellendurchmesser

$d_1 \geqslant 2 \cdot 22$ mm

$\underline{\underline{d_1 = 44\ \text{mm}}}$

$z_1 = 18 \ldots 22$ Zähne

$m = \frac{d_1}{z_1} = \frac{44\,\text{mm}}{18 \ldots 22} = 2 \ldots 2{,}45$ mm

$v_u = d_1 \pi n_1 = 0{,}044\ \text{m} \cdot \pi \cdot \frac{960}{60} \cdot \frac{1}{\text{s}}$

$\underline{\underline{v_u = 2{,}21\ \text{m/s}}}$

Normalmodul 2 mm oder 2,5 mm nach DIN 780 Reihe 1.

Damit die Hohlwelle nicht zu dünn wird, sollte der vorhandene Raum soweit wie möglich ausgenutzt werden, d. h.: $d_2 \approx 150\ \text{mm} - 6 \cdot m - 2 \cdot m = 150\ \text{mm} - 8 \cdot m$

für $m = 2$ mm wird:

$d_2 \approx 150\ \text{mm} - 8 \cdot 2\ \text{mm} = 134\ \text{mm}$

für $m = 2{,}5$ mm wird:

$d_2 \approx 150\ \text{mm} - 8 \cdot 2{,}5\ \text{mm} = 130\ \text{mm}$

für $i = 2{,}88$ wird:

m mm	z_1	z_2	d_1 mm	d_2 mm
2	22	63/64	44	126/128
2,5	18	52	45	130

Bei $m = 2$ mm wird für $z_1 = 18 \ldots 21$ $d_1 < 44$ mm
Bei $m = 2{,}5$ mm wird für $z_2 = 19 \ldots 22$ $d_2 > 130$ mm } entfallen also

Die Paarung $z_1 = 18$ Zähne, $z_2 = 52$ Zähne bei $m = 2{,}5$ mm erfüllt die Bedingung optimal.

Damit werden die endgültigen Maße:

$\underline{\underline{d_1}} = z_1 m = 18 \cdot 2{,}5\ \text{mm} = \underline{\underline{45\ \text{mm}}}$

$\underline{\underline{d_2}} = z_2 m = 52 \cdot 2{,}5\ \text{mm} = \underline{\underline{130\ \text{mm}}}$

$\underline{\underline{i}} = \frac{z_2}{z_1} = \frac{52}{18} = \underline{\underline{2{,}89}}$

$\underline{\underline{n_2}} = \frac{n_1}{i} = \frac{960\ 1/\text{min}}{2{,}89} = \underline{\underline{332\ 1/\text{min}}}$

$\underline{\underline{d_{a1}}} = d_1 + 2\,m = 45\ \text{mm} + 2 \cdot 2{,}5\ \text{mm} = \underline{\underline{50\ \text{mm}}}$

$\underline{\underline{d_{a2}}} = d_2 + 2\,m = 130\ \text{mm} + 2 \cdot 2{,}5\ \text{mm} = \underline{\underline{135\ \text{mm}}}$

$\underline{\underline{d_{f1}}} = d_1 - 2{,}4\,m = 45\ \text{mm} - 2{,}4 \cdot 2{,}5\ \text{mm} = \underline{\underline{39\ \text{mm}}}$

$\underline{\underline{d_{f2}}} = d_2 - 2{,}4\,m = 130\ \text{mm} - 2{,}4 \cdot 2{,}5\ \text{mm} = \underline{\underline{124\ \text{mm}}}$

Verzahnungsqualität: 10 aus $v_u = 2{,}21$ m/s nach DIN 3961

$\underline{\underline{a}} = \frac{z_1 + z_2}{2} m = \frac{18 + 52}{2} \cdot 2{,}5\ \text{mm} = \underline{\underline{87{,}5\ \text{mm}}}$

Toleranz des Achsabstandes: ± 80 µm nach DIN 3964

5.3.3 Berechnung der Zahnradwerkstoffe

Da die zehnte Verzahnungsqualität gewählt wurde, kann die vereinfachte Berechnung angewendet werden.

$$\sigma_{F\,lim} \geqslant S_{F\,min} \frac{F_{t\,max}}{b\,m} Y_F Y_\beta$$

$$\sigma_{F\,lim\,1} \geqslant 2 \cdot \frac{1800\text{ N}}{40\text{ mm} \cdot 2{,}5\text{ mm}} \cdot 3 \cdot 1$$

$$\underline{\underline{\sigma_{F\,lim\,1} \geqslant 108\text{ N/mm}^2}}$$

$$\sigma_{F\,lim\,2} \geqslant 2 \cdot \frac{1800\text{ N}}{35\text{ mm} \cdot 2{,}5\text{ mm}} \cdot 2{,}36 \cdot 1$$

$$\underline{\underline{\sigma_{F\,lim\,2} \geqslant 97\text{ N/mm}^2}}$$

$$F_{t\,max} = \frac{2\,M_{t\,max}}{d_1} = \frac{2 \cdot 40{,}5\text{ Nm}}{45\text{ mm}}$$

$\underline{F_{t\,max} = 1{,}8\text{ kN}}$

$\underline{S_{F\,min} = 2}$

$\underline{Y_\beta = 1}$, da $\beta = 0°$

$\underline{Y_{F\,1} = 3}$

$\underline{Y_{F\,2} = 2{,}36}$

Aufgrund der Konstruktion wird eine Stahl–Stahl-Kombination vorgewählt.

$$\sigma_{H\,lim} \geqslant S_{H\,min} \sqrt{\frac{F_{t\,H}}{b_{min}\,d_1} \cdot \frac{u+1}{u}} \cdot \frac{Z_M\,Z_H}{K_L}$$

$$\sigma_{H\,lim} \geqslant 1{,}5 \sqrt{\frac{1800\text{ N}}{35\text{ mm} \cdot 45\text{ mm}} \cdot \frac{2{,}89 + 1}{2{,}89}} \cdot \frac{270\sqrt{\text{N/mm}^2}\ 1{,}76}{1}$$

$$\underline{\underline{\sigma_{H\,lim} \geqslant 884\text{ N/mm}^2}}$$

$\underline{F_{t\,H} = F_{t\,max} = 1800\text{ N}}$

$\underline{S_{H\,min} = 1{,}5}$

$\underline{Z_M = 270}$ für St-St

$\underline{Z_H = 1{,}76}$

$\underline{K_L = 1}$

Wahl der Zahnradwerkstoffe:
Ritzel und Großrad aus Ck 45 umlaufgehärtet

$\sigma_{F\,lim} = 270\text{ N/mm}^2 > 108\text{ N/mm}^2$
$\sigma_{H\,lim} = 1100\text{ N/mm}^2 > 884\text{ N/mm}^2$

5.3.4 Berechnung der Wälzlager

Berechnung der Lagerkräfte:

$$F_{LA} = \frac{3{,}5\,F_u \cdot 225\text{ mm} + F_{bn} \cdot 480\text{ mm}}{450\text{ mm}}$$

$$F_{LA} = \frac{3{,}5 \cdot 1{,}3\text{ kN} \cdot 225\text{ mm} + 1{,}92\text{ kN} \cdot 480\text{ mm}}{450\text{ mm}}$$

$$\underline{\underline{F_{LA} = 4{,}33\text{ kN}}}$$

$F_{LB} = 3{,}5\,F_u + F_{bn} - F_{LA}$
$F_{LB} = 4{,}45\text{ kN} + 1{,}92\text{ kN} - 4{,}33\text{ kN}$
$\underline{\underline{F_{LB} = 2{,}04\text{ kN}}}$

$F_{bn} = 1{,}065\,F_{t\,max}$
$F_{bn} = 1{,}065 \cdot 1800\text{ N}$
$\underline{F_{bn} = 1920\text{ N}}$

$$F_{u\,Rolle} = \frac{2M_{t\,max\,II}}{d_{Rolle}} = \frac{2M_{t\,max\,I}\,i}{d_{Rolle}}$$

$$F_{u\,Rolle} = \frac{2 \cdot 40{,}5\text{ Nm} \cdot 2{,}89}{0{,}18\text{ m}}$$

$\underline{F_{u\,Rolle} = 1300\text{ N}}$

62

Um kleine Einbaumaße zu erhalten, wird für Lager A (am Zahnrad) ein Zylinderrollenlager mit $d = 35$ mm vorgewählt.

$$C = \frac{P f_L}{f_n} = \frac{4{,}33\ \text{kN} \cdot 3{,}42}{0{,}5}$$

$f_L = 3{,}42$ für $L_h = 30000$ h
$f_n = 0{,}5$ für $n = 332$ 1/min

$\underline{\underline{C = 29{,}6\ \text{kN}}}$

gewählt: Zylinderrollenlager NU 207 mit $C = 30{,}5$ kN; $D = 72$ mm.
Toleranz der Achse für Punktlast am Innenring g6 oder h6.
Toleranz der Bohrung M7 für Umfangslast am Außenring.

Lager B: *vorgewählt* Rillenkugellager 6207

$$\frac{F_a}{C_0} = \frac{445\ \text{N}}{13700\ \text{N}} = 0{,}0325 \quad \text{dafür } e = 0{,}23$$

$F_a = 0{,}1 \cdot 3{,}5 \cdot 1300$ N
$\underline{F_a = 445\ \text{N}}$

$$\frac{F_a}{F_r} = \frac{445\ \text{N}}{2275\ \text{N}} = 0{,}196 < e = 0{,}23 \quad \text{damit } P = F_r = 2275\ \text{N}$$

$$C = \frac{P f_L}{f_n}$$

$\underline{f_L = 3{,}91}$

$\underline{f_n = 0{,}465}$

$$C = \frac{2{,}04\ \text{kN} \cdot 3{,}91}{0{,}465}$$

$\underline{\underline{C = 17{,}4\ \text{kN}}} < C = 19{,}6$ kN

Das vorgewählte Rillenkugellager 6207 kann verwendet werden.

Toleranz der Achse: h6
Toleranz der Bohrung: M7

5.3.5 Nachrechnung der Ritzelwelle

Der kritische Querschnitt ist der Wellenübergang an der abgesetzten Welle.

$$\sigma_v = \sqrt{\sigma_b^2 + 3\,(\alpha_0 \tau_t)^2}$$

$$\sigma_v = \sqrt{36^2 + 3\,(0{,}7 \cdot 19)^2}\ \text{N/mm}^2$$

$\underline{\underline{\sigma_v = 43\ \text{N/mm}^2}}$

$$\sigma_b = \frac{M_b}{W}$$

$$\sigma_b = \frac{38400\ \text{N}}{1065\ \text{mm}^3}$$

$\underline{\sigma_b = 36\ \text{N/mm}^2}$

$M_b = F_{bn} \frac{b}{2}$
$M_b = 1{,}92\ \text{kN} \cdot 20$ mm
$\underline{M_b = 38{,}4\ \text{Nm}}$

$$\tau_t = \frac{M_{t\,max}}{W_p}$$

$$\tau_t = \frac{40500\ \text{Nmm}}{2130\ \text{mm}^3}$$

$\underline{\tau_t = 19\ \text{N/mm}^3}$

$W = 0{,}1\, d^3 = 0{,}1 \cdot 22^3$ mm³
$\underline{W = 1065\ \text{mm}^3}$

$W_p = 0{,}2\, d^3$
$\underline{W_p = 2130\ \text{mm}^3}$

$\underline{\alpha_0 = 0{,}7}$

$$\sigma_{b\,zul} = \frac{\sigma_D\, b_1\, b_2}{\nu\, \beta_k}$$

$$\sigma_{b\,zul} = \frac{260\ \text{N/mm}^2 \cdot 0{,}85 \cdot 0{,}92}{1{,}5 \cdot 1{,}7}$$

$$\underline{\underline{\sigma_{b\,zul} = 80\ \text{N/mm}^2}}$$

$$\sigma_{b\,zul} > \sigma_v$$

$\underline{\sigma_{D\,W} = 260\ \text{N/mm}^2}$

$\underline{\beta_k = 1{,}7}$

$\underline{b_1 = 0{,}85}$ für $R_t = 16\ \mu$m (Freistich F 0,6 × 0,3 DIN 509 geschlichtet)

$\underline{b_2 = 0{,}92}$

5.3.6 Berechnung der Paßfederverbindung

gewählt: Paßfeder A 6 × 6 × 36 DIN 6885 St 50k

Paßfedernut $6\,\frac{\text{P9}}{\text{P9}}$

Wellen/Naben H7/k6 bzw. m6

$$p = \frac{4\, M_{t\,max}}{d\, h\, l} = \frac{4 \cdot 40500\ \text{Nmm}}{22\ \text{mm} \cdot 6\ \text{mm} \cdot 30\ \text{mm}}$$

$$\underline{\underline{p = 41\ \text{N/mm}^2}} < p_{zul} = 70 \ldots 150\ \text{N/mm}^2$$

$l = L - b = 36\ \text{mm} - 6\ \text{mm}$

$\underline{l = 30\ \text{mm}}$

5.3.7 Berechnung der Preßpassung

Zur Bestimmung der Preßpassung muß zunächst der Fugendurchmesser festgelegt werden. Es soll angenommen werden, daß eine Kranzdicke $e = 4\,m = 4 \cdot 2{,}5$ mm ausreichend ist. Damit wird:

$$d_F = d_{a2} - 2 \cdot 4 \cdot m = 135\ \text{mm} - 8 \cdot 2{,}5\ \text{mm}$$

$$\underline{\underline{d_F = 115\ \text{mm}}}$$

Zur Übertragung des Drehmomentes darf die *kleinste Fugenpressung* p_k nicht unterschritten werden.

$$p_k = \frac{F_{Ru}}{A_F\, \nu_u} = \frac{\nu_H\, F_u}{A_F\, \nu_u}$$

$$p_k = \frac{1{,}5 \cdot 2035\ \text{N}}{12600\ \text{mm}^2 \cdot 0{,}11}$$

$$\underline{\underline{p_k = 2{,}2\ \text{N/mm}^2}}$$

$F_u = \dfrac{2 M_{t\,max\,II}}{d_F}$

$F_u = \dfrac{2 \cdot 11700\ \text{Nmm}}{115\ \text{mm}}$

$\underline{F_u = 2035\ \text{N}}$

$A_F = d_F\, \pi\, L$

$A_F = 115\ \text{mm} \cdot \pi \cdot 35\ \text{mm}$

$\underline{A_F = 12600\ \text{mm}^2}$

$\nu_u = 0{,}05 \ldots 0{,}17$

gewählt: $\nu_u = 0{,}11$

Aus der kleinsten Fugenpressung ergibt sich das *kleinste erforderliche Übermaß* zu:

$U_k = Z_k + \Delta U$
$U_k = 22{,}8\ \mu m + 9{,}6\ \mu m$
$U_k = 32{,}4\ \mu m$

$\Delta U = 1{,}2 \cdot \Sigma R_t$
$\Delta U = 1{,}2 \cdot 8\ \mu m$
$\Delta U = 9{,}6\ \mu m$

$Z_k = p_k\, d_F\, (K_A + K_I) \cdot 10^3$
$Z_k = 2{,}2 \cdot 115\ (0{,}7 + 0{,}2) \cdot 10^{-1}\ \mu m$
$Z_k = 22{,}8\ \mu m$

$Q_A = \frac{d_F}{d_{Aa}}$ ← $d_{Aa} = d_{f2} = 124$ mm
$Q_A = \frac{115}{124} = 0{,}93 \rightarrow K_A = 0{,}7 \cdot 10^{-4}$

$Q_I = \frac{d_I}{d_F}$
$Q_I = \frac{72}{115} = 0{,}625 \rightarrow K_I = 0{,}2 \cdot 10^{-4}$

Für eine elastische Preßpassung darf die *größte zulässige Fugenpressung* nicht überschritten werden. Dabei ist der Rechnung die größte zulässige Fugenpressung des schwächsten Werkstückes zugrunde zu legen.

$$p_{gA} = \sigma_{SA}\ \frac{1 - Q_A^2}{1 + Q_A^2}$$

← $\sigma_{SA} = 380\ N/mm^2$ unterer Wert für Ck 45

$$p_{gA} = 380\ N/mm^2 \cdot \frac{1 - 0{,}93^2}{1 + 0{,}93^2}$$

$$p_{gA} = 28{,}6\ N/mm^2$$

$$p_{gI} = \frac{\sigma_B}{2}\ \frac{1 - Q_I^2}{2}$$

← $\sigma_B = 300\ N/mm^2$ für GG-30

$$p_{gI} = \frac{300\ N/mm^2}{2} \cdot \frac{1 - 0{,}625^2}{2}$$

$$p_{gI} = 45{,}7\ N/mm^2 > p_{gA} = 28{,}6\ N/mm^2$$

Für die Berechnung des *größten zulässigen Übermaßes* ist also die Fugenpressung des Außenteiles p_{gA} zugrunde zu legen.

$U_g = Z_g + \Delta U$
$U_g = 296\ \mu m + 9{,}6\ \mu m$
$U_g = 305{,}6\ \mu m$

$Z_g = p_g d_F\ (K_A + K_I) \cdot 10^3$
$Z_g = 28{,}6 \cdot 115\ (0{,}7 + 0{,}2) \cdot 10^{-1}\ \mu m$
$Z_g = 296\ \mu m$

Für die Preßpassung wird die Bohrung 115 H7 $\left(\begin{smallmatrix}+35\\0\end{smallmatrix}\right)$ vorgewählt! Dann wird:

Größtmaß der Welle = Kleinstmaß der Bohrung + Größtübermaß
= (115,000 + 0,3056) mm = 115,3056 mm

Kleinstmaß der Welle = Größtmaß der Bohrung + Kleinstübermaß
= (115,035 + 0,0324) mm = 115,0674 mm

Damit muß für die Welle gelten:

$A_0 \leqslant +305\ \mu m$; $A_u \geqslant +67\ \mu m$

gewählt: s6 mit $^{+101}_{+\ 79} \, {}^{<}_{>} \, {}^{+305}_{+\ 67}$

Für eine Längspreßpassung wird die *größte Einpreßkraft:*

$$p'_g = \frac{U'_g - \Delta U}{Z_g}\, p_g$$

$$p'_g = \frac{101 - 9{,}6}{296} \cdot 28{,}6\ \text{N/mm}^2$$

$$p'_g = 8{,}82\ \text{N/mm}^2$$

$\nu_e = 0{,}07 \ldots 0{,}13$

gewählt: $\nu_e = 0{,}1$

$$F_e = A_F\, p'_g\, \nu_e$$

$$F_e = 12600\ \text{mm}^2 \cdot 8{,}82\ \text{N/mm}^2 \cdot 0{,}1$$

$$F_e = 11{,}1\ \text{kN}$$

Zur Vermeidung des Slip-Stick-Effektes ist eine etwa 2-fache Preßkraftreserve erforderlich. Für das Einpressen ist eine Presse mit einer Preßkraft von 20 kN erforderlich.

6 Fahrantrieb eines Laufkranes

6.1 Aufgabenstellung

Der Fahrantrieb eines Hallenkranes für Stückgüter soll bei 16 m Spannweite eine max. Traglast von 32 t aufnehmen (Bild 6.1). Die Fahrgeschwindigkeit des Kranes soll 100 m/min betragen. Aus den Berechnungen ergab sich für den Elektromotor eine Leistung von 25 kW bei $n = 1000$ 1/min und ED = 40 % (ED = Einschaltdauer bei Maschinen mit aussetzendem Betrieb). Das Motorgetriebe hat $i_1 = 6{,}45$.

Wenn die Katze bis zum Anfahrmaß auf eine Seite gefahren ist, ergibt sich für den am stärksten belasteten Wellenstrang eine Leistungsabgabe von 18,5 kW und eine der Rechnung zugrunde zu legende max. Radkraft von $F = 180$ kN. Nach DIN 15070 wird dann der Laufraddurchmesser 630 mm. Für das Laufrad sind nach DIN 15079 alle Maße gegeben. Die Maße sind in Bild 6.2 eingetragen. Für das angeflanschte Zahnrad liegen nach DIN 15082 folgende Werte fest: $z = 62$ Zähne, $m = 10$ mm, $b = 80$ mm. Das Zahnrad wird mit 6 Sechskantschrauben M 24 an das Laufrad angeflanscht. Bei drei Schrauben wird zusätzlich eine Scherbuchse 40 DIN 15082 aus St 60 eingebaut.

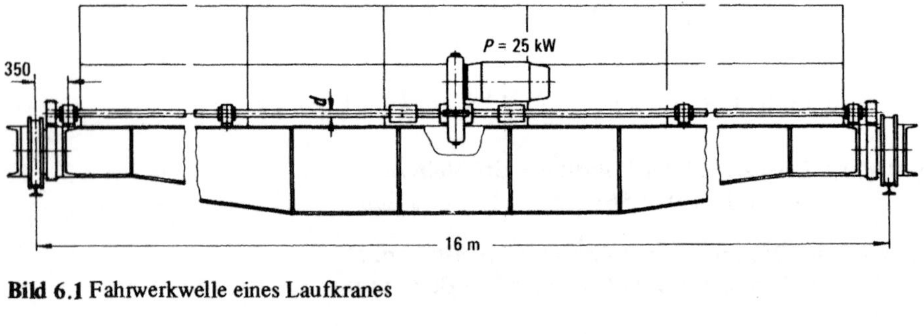

Bild 6.1 Fahrwerkwelle eines Laufkranes

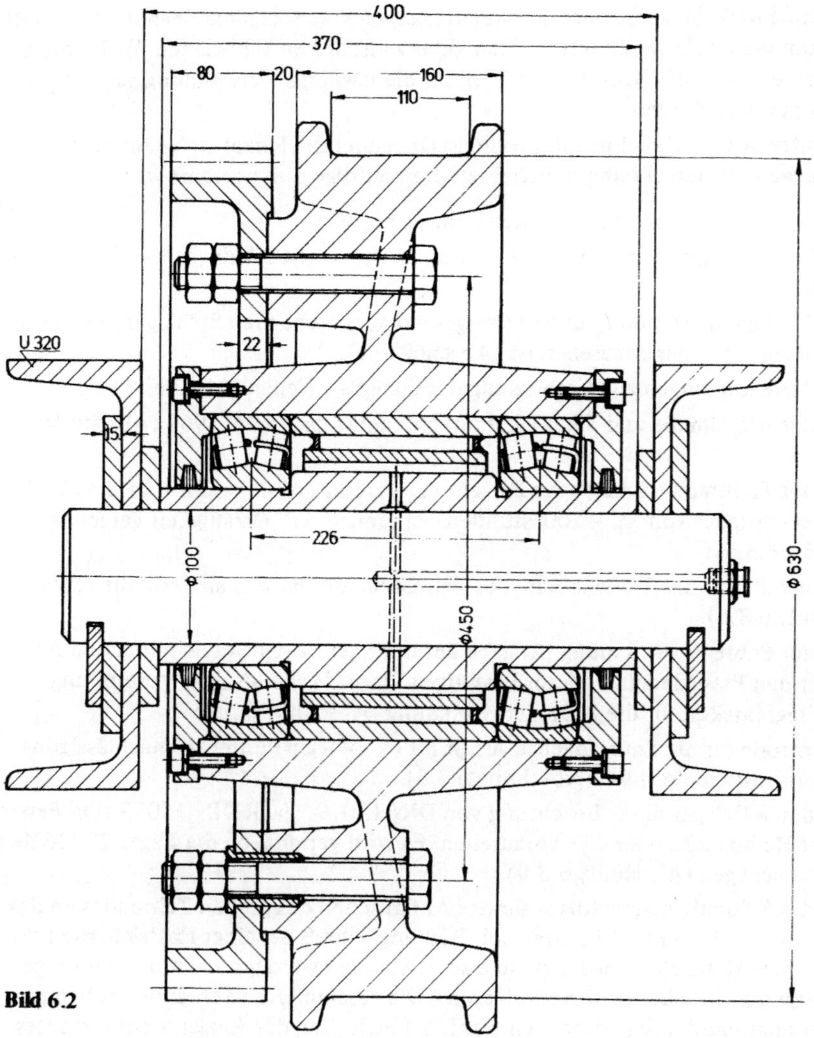

Bild 6.2

Aufgrund der Betriebsverhältnisse (stoßhafter, wechselnder Lauf und häufigem Anfahren unter Last) ist der Festigkeitsberechnung das Kippmoment des Elektromotors zugrunde zu legen. Nach DIN 42681 ist das Kippmoment mindestens 2,2 M_n. Für die Verschleißberechnung soll mit c_{SG} = 1,3 (Grübchenbildung) gerechnet werden.

6.2 Lösungshinweise

Die vorgegebene Aufgabe soll zeigen, wie alle Maschinenteile genau aufeinander abgestimmt sind.

Genormte Maschinenteile lassen je nach Verwendungszweck verschiedene Wahlmöglichkeiten zu. Entweder kann die Größe verändert werden, oder zwischen verschiedenen Werkstoffen kann gewählt werden, d.h. die Normteile müssen für die jeweilige Verwendung geprüft und entsprechend ausgewählt werden.

Bei der vorliegenden Aufgabe sind nur die Wellenstränge und die Ritzel zu bestimmen. Danach kann die weitere Berechnung in beliebiger Reihenfolge durchgeführt werden.

In diesem Buch wird die Aufgabe in folgenden Schritten gelöst:

- Berechnung des Wellendurchmessers der Fahrwerkswelle aus St 37 als „lange Welle" (Abschnitt 6.3.1).
- Bestimmung der Lagerabstände l_a und der insgesamt vorzusehenden Stehlager, wenn das Getriebe selbst als ein Lager anzusehen ist (Abschnitt 6.3.2).
- Bestimmung der Kupplungen zur Verbindung der „langen" Wellen (Abschnitt 6.3.3).
- Bestimmung der Ritzelmaße und der Verzahnungsqualität nach DIN 3961 (Abschnitt 6.3.4).
- Bestimmung der Zahnradwerkstoffe für Ritzel und Großrad, wenn erfahrungsgemäß mit einer Vollastlebensdauer von L_h = 200 Stunden bei „mittlerer" Ölzähigkeit gerechnet wird (Abschnitt 6.3.5).
- Festigkeitskontrolle für den Wellenabsatz zur Aufnahme des Ritzels an der Fahrwerkswelle (Abschnitt 6.3.6).
- Bestimmung der Paßfederverbindung. Angabe der normgerechten Bezeichnung und der Toleranzen für den Paßfedersitz und der Passungen für die Wellen-Naben-Verbindung. Prüfung der Tragfähigkeit für die Paßfederverbindung (Abschnitt 6.3.7).
- Spannungskontrolle für die Laufradachse aus St 50 (R_t = 4 μm) unter Vernachlässigung der Stützwirkung durch die Hülse (Abschnitt 6.3.8).
- Bestimmung der Wälzlager unter Beachtung von DIN 15079. Nach DIN 15079 sind Pendelrollenlager der Reihen 222 oder 223 vorzusehen. Es wird geprüft, ob die Lager 22226 den Anforderungen genügen (Abschnitt 6.3.9).
- Bestimmung des Schraubenwerkstoffes für das Anflanschen des großen Zahnrades an das Laufrad. Zwischen Zahnrad und Laufrad soll Reibungsschluß bei einer Haftsicherheit von ν_H = 1,5 sein. (Die Haftsicherheit kann auch so verstanden werden, daß durch Montageungenauigkeiten nur 2/3 aller Schrauben tragen.) Die geschmierten Schrauben sollen mit einem Drehmomentenschlüssel angezogen werden. Festlegung des Anziehdrehmomentes für die Schrauben (Abschnitt 6.3.10).
- Spannungskontrolle für die Scherbuchsen. Die Maße für die Scherbuchsen betragen nach DIN 15082:

Außendurchmesser	40 mm (m6),
Innendurchmesser	25 mm,
Tragende Länge	49 mm (Abschnitt 6.3.11).
- Berechnung der Zylinderschrauben mit denen die Lagerdeckel befestigt werden. Angabe der Anzahl und der normgerechten Bezeichnung für die Schrauben (Abschnitt 6.3.12).
- Kontrolle der Flächenpressung in den Tragblechen (Abschnitt 6.3.13).
- Bestimmung der Dichtung und der Schmierung der Lagerstellen (Abschnitt 6.3.14).

6.3 Lösungen

6.3.1 Berechnung der Fahrwerkswelle

$d \approx 2{,}31 \sqrt[4]{M_{t\,max}}$

$d \approx 2{,}31 \sqrt[4]{2500000}$ mm

$d \approx 91{,}9$ mm

gewählt: $d = 100$ mm

$M_{t\,max} = c_{SB} M_{t\,n}$ [1]

$M_{t\,max} = 2{,}2 \cdot 1140$ Nm

$M_{t\,max} = 2500$ Nm

$c_{SB} = \frac{\text{Kippmoment}}{\text{Nennmoment}}$

$c_{SB} = 2{,}2$

$M_{t\,n} = 9550 \frac{P}{n}$

$M_{t\,n} = 9550 \frac{18{,}5}{155}$ Nm

$M_{t\,n} = 1140$ Nm

$n = \frac{n_1}{i} = \frac{1000 \text{ 1/min}}{6{,}45}$

$n = 155$ 1/min

6.3.2 Berechnung der Lagerabstände und der Lageranzahl

$l_a \approx 100 \sqrt{d}$ in cm für d in cm (Faustformel)

$l_a \approx 100 \cdot \sqrt{10}$ cm = 316 cm

$$\text{Anzahl der Lager} = \frac{16000 \text{ mm} - 2 \cdot 350 \text{ mm}}{3160 \text{ mm}} = 4{,}84$$

Bei in der Mitte der Kranbrücke angeordnetem Motorgetriebe ergeben sich zweckmäßig *sechs Lager*. Damit wird der tatsächliche Lagerabstand

$$l_a = \frac{15300 \text{ mm}}{6} = 2550 \text{ mm}$$

6.3.3 Bestimmung der Kupplung für die Fahrwerkswelle

Für die Montage und evtl. Demontage eignet sich am besten eine Schalenkupplung.
gewählt: Schalenkupplung A 100 DIN 115 mit $M_t = 5400$ Nm

6.3.4 Bestimmung des Antriebsritzels

$i_2 = \frac{n_{Welle}}{n_{Rad}}$

$i_2 = \frac{155 \text{ 1/min}}{50{,}5 \text{ 1/min}}$

$i_2 = 3{,}07$

$n_{Welle} = 155$ 1/min

$n_{Rad} = \frac{v}{d\pi} = \frac{100 \text{ m/min}}{0{,}63 \text{ m}\,\pi}$

$n_{Rad} = 50{,}5$ 1/min

[1] Der Betriebsfaktor wird bei allen Berechnungen berücksichtigt. Bei der Bestimmung der zulässigen Spannung kann dann mit normaler Sicherheit gerechnet werden.

$z_1 = \frac{z_2}{i_2} = \frac{62}{3{,}07}$

$z_1 \approx 20$

$m = 10$ mm

$i_{2\,\mathrm{vorh}} = \frac{62}{20}$

$i_{2\,\mathrm{vorh}} = 3{,}1$

$b_1 = b_2 + 5$ mm $= 80$ mm $+ 5$ mm

$b_1 = 85$ mm

$n_{\mathrm{Rad}} = \frac{155\ 1/\mathrm{min}}{3{,}1}$

$n_{\mathrm{Rad}} = 50\ 1/\mathrm{min}$

Verzahnungsqualität nach DIN 3961 für Hebe- und Fördermaschinen 6–12.

$v_\mathrm{u} = d_1 \pi n = 0{,}2\ \mathrm{m} \cdot \pi \cdot \frac{155}{60}\ \mathrm{s}$ ← $d_1 = z_1 m = 20 \cdot 10$ mm; $d_1 = 200$ mm

$v_\mathrm{u} = 1{,}6$ m/s

gewählt: Verzahnungsqualität 11

Kontrolle: $d_1 \geqslant 2$ mal Wellendurchmesser

200 mm > 2 · 90 mm (die Welle wird zweckmäßig auf 90 mm abgesetzt).

6.3.5 Bestimmung der Zahnradwerkstoffe

Da die 11. Verzahnungsqualität gewählt wurde, kann die vereinfachte Berechnung angewendet werden.

$$\sigma_{\mathrm{F\,lim}} \geqslant S_{\mathrm{F\,min}} \frac{F_{\mathrm{t\,max}}}{bm} Y_\mathrm{F} Y_\beta$$

$$\sigma_{\mathrm{F\,lim\,1}} \geqslant 2 \cdot \frac{25000\ \mathrm{N}}{85\ \mathrm{mm} \cdot 10\ \mathrm{mm}} \cdot 3 \cdot 1$$

$$\sigma_{\mathrm{F\,lim\,1}} \geqslant 176{,}5\ \mathrm{N/mm^2}$$

$$\sigma_{\mathrm{F\,lim\,2}} \geqslant 2 \cdot \frac{25000\ \mathrm{N}}{80\ \mathrm{mm} \cdot 10\ \mathrm{mm}} \cdot 2{,}3 \cdot 1$$

$$\sigma_{\mathrm{F\,lim\,2}} \geqslant 143{,}8\ \mathrm{N/mm^2}$$

$S_{\mathrm{F\,min}} = 2$

$F_{\mathrm{t\,max}} = \frac{2 M_{\mathrm{t\,max}}}{d_1} = \frac{2 \cdot 2500\ \mathrm{Nm}}{0{,}2\ \mathrm{m}}$

$F_{\mathrm{t\,max}} = 25000$ N

$Y_{\mathrm{F\,1}} = 3$

$Y_{\mathrm{F\,2}} = 2{,}3$

$Y_\beta = 1$ da $\beta = 0°$

Auf Grund der Zahnfußspannungen wird eine Stahl–Stahlguß-Kombination vorgewählt.

$$\sigma_{\mathrm{H\,lim}} \geqslant S_{\mathrm{H\,min}} \sqrt{\frac{F_{\mathrm{tH}}}{b_{\mathrm{min}} d_1} \cdot \frac{u+1}{u} \cdot \frac{Z_\mathrm{M} Z_\mathrm{H}}{K_\mathrm{L}}}$$

$$\sigma_{\mathrm{H\,lim}} \geqslant 1{,}5 \cdot \sqrt{\frac{14770\ \mathrm{N}}{80\ \mathrm{mm} \cdot 200\ \mathrm{mm}} \cdot \frac{3{,}1+1}{3{,}1}} \cdot \frac{270\sqrt{\mathrm{N/mm^2}} \cdot 1{,}76}{1}$$

$$\sigma_{\mathrm{H\,lim}} \geqslant 787{,}6\ \mathrm{N/mm^2}$$

$S_{\mathrm{H\,min}} = 1{,}5$

$F_{\mathrm{tH}} = F_{\mathrm{t\,max}} \frac{c_{\mathrm{SG}}}{c_{\mathrm{SB}}}$

$F_{\mathrm{tH}} = 25\ \mathrm{kN} \cdot \frac{1{,}3}{2{,}2}$

$F_{\mathrm{tH}} = 14{,}77$ kN

$Z_\mathrm{M} = 270$ für St-St

$Z_\mathrm{H} = 1{,}76$

$K_\mathrm{L} = 1$

Für die Bestimmung der Flankenzeitfestigkeit muß die *Lastwechselzahl* bestimmt werden.

Für das Ritzel wird:

$L_w = L_h\, n \cdot 60 = 200\ \text{h} \cdot 155\ 1/\text{min} \cdot 60\ \text{min/h}$

$L_w = 1{,}86 \cdot 10^6$

Für das Großrad wird:

$L_w = 200\ \text{h} \cdot 50\ 1/\text{min} \cdot 60\ \text{min/h}$

$L_w = 6 \cdot 10^5$

Werkstoffwahl:

Für das *Ritzel*: Ck 45 umlaufgehärtet

$\sigma_{F\,\lim\,w} = 190\ \text{N/mm}^2 > \sigma_{F\,\lim} = 176{,}5\ \text{N/mm}^2$

$\sigma_{H\,\lim\,w} = 3300\ \text{N/mm}^2 > \sigma_{H\,\lim} = 787{,}6\ \text{N/mm}^2$

Für das *Großrad*: GS-60

$\sigma_{F\,\lim} = 120\ \text{N/mm}^2$ für $6 \cdot 10^5$ Lastwechsel zulässig

$\sigma_{H\,\lim} = 850\ \text{N/mm}^2$ für $6 \cdot 10^5$ Lastwechsel $> \sigma_{H\,\lim} = 787{,}6\ \text{N/mm}^2$

6.3.6 Nachrechnung der Fahrwerkswelle

$\sigma_v = \sqrt{\sigma_b^2 + 3\,(\alpha_0\,\tau_t)^2}$

$\sigma_v = \sqrt{15{,}5^2 + 3\,(1 \cdot 17{,}1)^2}\ \text{N/mm}^2$

$\sigma_v = 33{,}4\ \text{N/mm}^2$

$\sigma_b = \dfrac{M_b}{W}$

$\sigma_b = \dfrac{1130\ \text{Nm}}{72900\ \text{mm}^3}$

$\sigma_b = 15{,}5\ \text{N/mm}^2$

$\tau_t = \dfrac{2500\ \text{Nm}}{145800\ \text{mm}^3}$

$\tau_t = 17{,}1\ \text{N/mm}^2$

$\alpha_0 = 1$

$M_b = F_{bn}\,\dfrac{b_1}{2}$

$M_b = 26{,}5\ \text{kN} \cdot 42{,}5\ \text{mm}$

$M_b = 1130\ \text{Nm}$

$W = 0{,}1\,d^3$

$W = 0{,}1\,(90\ \text{mm})^3$

$W = 72900\ \text{mm}^3$

$W_p = 0{,}2\,d^3$

$W_p = 145800\ \text{mm}^3$

$F_{bn} = 1{,}065\,F_{t\,max}$

$F_{bn} = 1{,}065 \cdot 25\ \text{kN}$

$F_{bn} = 26{,}6\ \text{kN}$

$\sigma_{b\,zul} = \dfrac{\sigma_{DW}\,b_1\,b_2}{\nu\,\beta_k}$

$\sigma_{b\,zul} = \dfrac{200\ \text{N/mm}^2 \cdot 0{,}9 \cdot 0{,}73}{1{,}25 \cdot 1{,}7}$

$\sigma_{b\,zul} = 61{,}4\ \text{N/mm}^2$

$\sigma_v < \sigma_{b\,zul}$

$\sigma_{DW} = 200\ \text{N/mm}^2$ für St 37

$b_1 = 0{,}9$ für $R_t = 16\ \mu\text{m}$

$b_2 = 0{,}73$

$\nu = 1{,}25$

$\beta_k = 1{,}7$

Der Wellenabsatz ist oft auch bei langen Wellen der kritische Querschnitt.

6.3.7 Berechnung der Paßfederverbindung

gewählt: Paßfeder A 25 × 14 × 80 DIN 6885–St 50 k

$$p \approx \frac{4 M_t}{d h l_1} \leqslant p_{zul}$$

$l_1 = L - b = 80\ \text{mm} - 25\ \text{mm}$

$\underline{l_1 = 55\ \text{mm}}$

$$p = \frac{4 \cdot 2500000\ \text{Nmm}}{90\ \text{mm} \cdot 14\ \text{mm} \cdot 55\ \text{mm}}$$

$$\underline{\underline{p = 145\ \text{N/mm}^2}} \mathrel{\hat{=}} p_{zul} = 70 \ldots 150\ \text{N/mm}^2$$

Da der Berechnung das Kippmoment zugrunde liegt, kann mit der schwellenden Flächenpressung verglichen werden.

6.3.8 Nachrechnung der Laufradachse

$$\sigma_b = \frac{M_b}{W} \leqslant \sigma_{b\,zul}$$

Zur Berechnung der Spannung in der Laufradachse ist folgende Überlegung notwendig:

Die Belastung der Achse ergibt sich aus:

a) der maximalen Radbelastung F

b) der Zahnradnormalkraft F_{bn}

c) der Stützkraft für Axialkraft F_a

Unter der Annahme, daß alle Kräfte in gleicher Ebene liegen, ergibt sich die Darstellung in Bild 6.3.

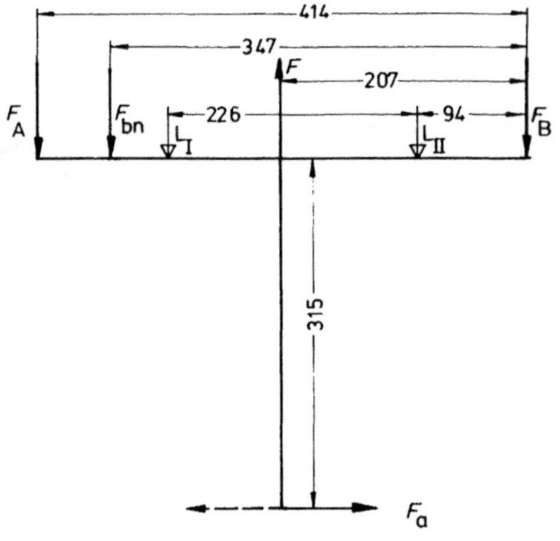

Bild 6.3 L_I u. L_{II} ≙ Mitte Wälzlager

$$F_A = \frac{F\ 207\ \text{mm} - F_{bn}\ 347\ \text{mm} \pm F_a\ 315\ \text{mm}}{414\ \text{mm}}$$

Nach DIN 15071 wird angenommen, daß die Axialkraft

$F_a = 0{,}1\ F = 0{,}1 \cdot 180\ \text{kN} = 18\ \text{kN}$ beträgt.

Dann wird:

$$F_{A1} = \frac{180\ \text{kN} \cdot 207\ \text{mm} - 26{,}6\ \text{kN} \cdot 347\ \text{mm} + 18\ \text{kN} \cdot 315\ \text{mm}}{414\ \text{mm}}$$

$F_{A1} = 81{,}4$ kN

$$F_{A2} = \frac{180\ \text{kN} \cdot 207\ \text{mm} - 26{,}6\ \text{kN} \cdot 347\ \text{mm} - 18\ \text{kN} \cdot 315\ \text{mm}}{414\ \text{mm}}$$

$F_{A2} = 54$ kN

$$F_{B1} = \frac{180\ \text{kN} \cdot 207\ \text{mm} - 26{,}6\ \text{kN} \cdot 67\ \text{mm} + 18\ \text{kN} \cdot 315\ \text{mm}}{414\ \text{mm}}$$

$F_{B1} = 99{,}4$ kN

$$F_{B2} = \frac{180\ \text{kN} \cdot 207\ \text{mm} - 26{,}6\ \text{kN} \cdot 67\ \text{mm} - 18\ \text{kN} \cdot 315\ \text{mm}}{414\ \text{mm}}$$

$F_{B2} = 72$ kN

An der Lagerstelle L_I ist dann das maximale Biegemoment der Achse

$M_{bI} = F_{A1} \cdot 94\ \text{mm} + F_{bn} \cdot 27\ \text{mm}$

$M_{bI} = 81{,}4\ \text{kN} \cdot 94\ \text{mm} + 26{,}6\ \text{kN} \cdot 27\ \text{mm}$

$M_{bI} = 8370$ Nm

An der Lagerstelle L_{II} ist dann das maximale Biegemoment der Achse

$M_{bII} = F_{B1} \cdot 94\ \text{mm} = 99{,}4\ \text{kN} \cdot 94\ \text{mm}$

$M_{bII} = 9344$ Nm

Die Achse wird also durch M_{bII} am stärksten belastet.

Damit wird:

$$\sigma_b = \frac{M_{bII}}{W} = \frac{9344000\ \text{Nmm}}{0{,}1 \cdot 100^3\ \text{mm}^3}$$

$\sigma_b = 93{,}4\ \text{N/mm}^2$

$$\sigma_{b\,zul} = \frac{\sigma_D\, b_1\, b_2}{\nu \beta_k}$$

$$\sigma_{b\,zul} = \frac{420\ \text{N/mm}^2 \cdot 0{,}92 \cdot 0{,}72}{1{,}25 \cdot 1}$$

$\sigma_{b\,zul} = 223\ \text{N/mm}^2$

$\sigma_{b\,vorh} < \sigma_{b\,zul}$

$\sigma_D = 420\ \text{N/mm}^2$

$b_1 = 0{,}92$

$b_2 = 0{,}72$

$\nu = 1{,}25$

$\beta_k = 1$ (die Querbohrung für die Schmierung liegt im unbelasteten Teil)

6.3.9 Berechnung der Wälzlager

Die Lagerberechnung erfolgt nach DIN 15071 wie folgt:

$$P_{\mathrm{I}} = X \left(F_{\mathrm{r}} + \frac{F_{\mathrm{a}}\, d_1}{l\, 2}\right)$$

$$P_{\mathrm{II}} = X \left(F_{\mathrm{r}} - \frac{F_{\mathrm{a}}\, d_1}{l\, 2}\right) + Y F_{\mathrm{a}}$$

Darin ist F_{r} die max. radiale Lagerbelastung, $F_{\mathrm{a}} = 0{,}1\, F$,

X = Beiwert für die Radialbelastung | (nach Angaben der Wälzlagerhersteller)
Y = Beiwert für die Axialbelastung

Von den sich ergebenden Werten P_{I} und P_{II} wird der größere $P_{\max}$ und der kleinere $P_{\min}$ in die Formel

$$P_{\mathrm{id}} = \frac{P_{\min} + 2\, P_{\max}}{3} \quad \text{eingesetzt.}$$

Mit der ideellen Lagerbelastung P_{id} wird dann die Lebensdauer der Wälzlager nach Angabe der Wälzlagerhersteller berechnet.

Aus der Berechnung der Achse ergibt sich die max. Radialkraft aus folgender Überlegung:

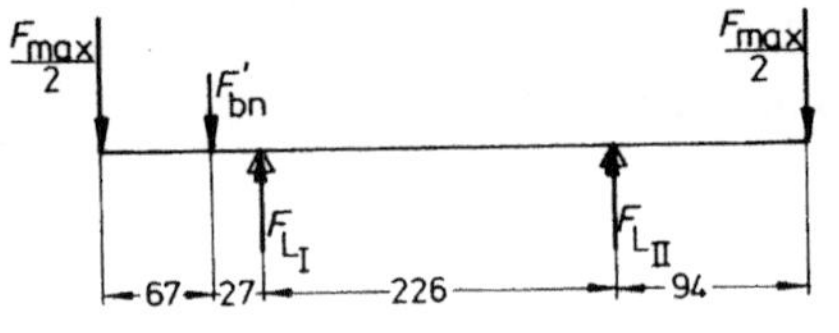

Bild 6.4

$F'_{\mathrm{bn}} = F_{\mathrm{t\,max}} \cdot 1{,}065$

$F'_{\mathrm{bn}} = 14{,}77\ \mathrm{kN} \cdot 1{,}065 = 15{,}7\ \mathrm{kN}$

$$F_{\mathrm{L\,I}} = \frac{\frac{F_{\max}}{2} \cdot 320\ \mathrm{mm} + F'_{\mathrm{bn}} \cdot 253\ \mathrm{mm} - \frac{F_{\max}}{2} \cdot 94\ \mathrm{mm}}{226\ \mathrm{mm}}$$

$$F_{\mathrm{L\,I}} = \frac{90\ \mathrm{kN} \cdot 320\ \mathrm{mm} + 15{,}7\ \mathrm{kN} \cdot 253\ \mathrm{mm} - 90\ \mathrm{kN} \cdot 94\ \mathrm{mm}}{226\ \mathrm{mm}}$$

$\underline{\underline{F_{\mathrm{L\,I}} = 107{,}6\ \mathrm{kN}}}$

$F_{\mathrm{L\,II}} = F_{\max} + F_{\mathrm{bn}} - F_{\mathrm{L\,I}}$

$F_{\mathrm{L\,II}} = 180\ \mathrm{kN} + 15{,}7\ \mathrm{kN} - 107{,}5\ \mathrm{kN}$

$\underline{\underline{F_{\mathrm{L\,II}} = 88{,}2\ \mathrm{kN}}}$

$F_{\mathrm{L\,I}} = F_{\mathrm{r\,max}}$

Damit wird für die vorgewählten Lager 22226 bei

$$\frac{F_{\mathrm{a}}}{F_{\mathrm{r}}} = \frac{18\ \mathrm{kN}}{107{,}6\ \mathrm{kN}} = 0{,}167 < e = 0{,}29 \qquad X = 1 \text{ und } Y = 2{,}3$$

$$P_{\mathrm{I}} = 1 \cdot \left(107{,}6\ \mathrm{kN} + \frac{18\ \mathrm{kN} \cdot 630\ \mathrm{mm}}{226\ \mathrm{mm} \cdot 2}\right)$$

$\underline{\underline{P_{\mathrm{I}} = 132{,}7\ \mathrm{kN} = P_{\max}}}$

$P_{\mathrm{II}} = 1 \cdot (107{,}6\ \mathrm{kN} - 25\ \mathrm{kN}) + 2{,}3 \cdot 18\ \mathrm{kN}$

$\underline{\underline{P_{\mathrm{II}} = 124\ \mathrm{kN} = P_{\min}}}$

$$P_{\text{id}} = \frac{124 \text{ kN} + 2 \cdot 132{,}7 \text{ kN}}{3}$$

$$\underline{\underline{P_{\text{id}} = 130 \text{ kN}}}$$

$$f_L = \frac{C}{P} f_n$$

← $C = 500$ kN
$f_n = 0{,}885$ für $n = 50$ 1/min

$$f_L = \frac{500 \text{ kN}}{130 \text{ kN}} \cdot 0{,}885$$

$\underline{\underline{f_L = 3{,}4}}$ entspricht $L_h \approx 30000$ h

Für Hebezeuge ist mit $L_h = 10000 \ldots 15000$ h zu rechnen.

Als *Verschleißlaufzeit* ergibt sich für $f_v = 10 \ldots 20$ und den Feldern h ... k.
$L_v = 2000 \ldots 30000$ h im Mittel also $L_v = 16000$ h.

Kontrolle auf statische Tragsicherheit

$$f_s = \frac{C_0}{P_0}$$

← $P_0 = X_0 F_r + Y_0 F_a$
$P_0 = 1 \cdot 90 \text{ kN} + 2{,}3 \cdot 18 \text{ kN}$
$\underline{P_0 = 131{,}5 \text{ kN}}$

← $\underline{F_r = 90 \text{ kN}}$ je Lager bei Stillstand
$\underline{X_0 = 1}$
$\underline{Y_0 = 2{,}3}$
$\underline{C_0 = 455 \text{ kN}}$

$$f_s = \frac{455 \text{ kN}}{131{,}5 \text{ kN}}$$

$$\underline{\underline{f_s = 3{,}45}}$$

Die statische Tragsicherheit ist völlig ausreichend.

6.3.10 Berechnung der Flanschschrauben

$F_{VM} = k_A k_L F_{KL}$
$F_{VM} = 1{,}4 \cdot 1{,}2 \cdot 86 \text{ kN}$
$\underline{\underline{F_{VM} = 145 \text{ kN}}}$

← $\underline{k_A = 1{,}4}$ geschmierte Schraube
$\underline{k_L = 1{,}2}$ (wechselnde Querkraft)
$F_{KL} = F_{n \text{ je Schraube}}$
$F_{KL} = \dfrac{F_R}{\mu n} = \dfrac{51{,}6 \text{ kN}}{0{,}1 \cdot 6}$
$\underline{F_{KL} = 86 \text{ kN}}$

← $F_R = \dfrac{2 M_{t\,max}\, i_2\, \nu_H}{d_T}$
$F_R = \dfrac{2 \cdot 2500 \text{ Nm} \cdot 3{,}1 \cdot 1{,}5}{0{,}45 \text{ m}}$
$\underline{F_R = 51{,}6 \text{ kN}}$

gewählt: M 24–8.8 mit
$F_{V\,0{,}9} = 164$ kN

Kontrolle auf Flächenpressung

$$p = \frac{F_{VM}}{A_p} \leqslant p_G$$

← $A_p = 373 \text{ mm}^2$

$$p = \frac{145000 \text{ N}}{373 \text{ mm}^2}$$

$\underline{\underline{p = 389 \text{ N/mm}^2}} < p_G = 500 \text{ N/mm}^2$

Wird die Schraube mit $M_{A\,0,9} = 710$ Nm angezogen, dann wird

$$p = \frac{164000\ \text{N}}{373\ \text{mm}^2}$$

$$\underline{\underline{p = 440\ \text{N/mm}^2}} < p_G = 500\ \text{N/mm}^2$$

Die Schraube kann also mit dem max. Drehmoment $M_{A\,0,9} = 710$ Nm angezogen werden.

6.3.11 Nachrechnung der Scherbuchsen

$$\tau_a = \frac{F_u}{A n} \leqslant \tau_{a\,zul}$$

$$\tau_a = \frac{34500\ \text{N}}{766\ \text{mm}^2 \cdot 3}$$

$$\underline{\underline{\tau_a = 15\ \text{N/mm}^2}}$$

$$F_u = \frac{2 M_{t\,max}\, i_2}{d_T} = \frac{2 \cdot 2500\ \text{Nm} \cdot 3{,}1}{0{,}45\ \text{mm}}$$

$$\underline{F_u = 34{,}5\ \text{kN}}$$

$$A = \frac{40^2\ \text{mm}^2 \cdot \pi}{4} - \frac{25^2\ \text{mm}^2 \cdot \pi}{4}$$

$$\underline{A = 766\ \text{mm}^2}$$

$\underline{n = 3}$ Scherbuchsen

$$\tau_{azul} = \frac{\tau_D\, b_1\, b_2}{\nu\, \beta_k}$$

$$\tau_{azul} = \frac{210\ \text{N/mm}^2 \cdot 0{,}92 \cdot 0{,}85}{1{,}25 \cdot 1}$$

$$\underline{\underline{\tau_{azul} = 131\ \text{N/mm}^2}}$$

$$\tau_{a\,vorh} < \tau_{a\,zul}$$

$\underline{\tau_D = 210\ \text{N/mm}^2}$

$\underline{b_1 = 0{,}92}$ für $\frac{1}{2} R_{t\,max}$ von IT 6

$\underline{b_2 = 0{,}85}$

$\underline{\nu = 1{,}25}$

$\underline{\beta_k = 1}$

Prüfung auf Lochleibung

$$\sigma_l = \frac{F_u}{d\, l\, n} = \frac{34500\ \text{N}}{40\ \text{mm} \cdot 22\ \text{mm} \cdot 3}$$

$$\underline{\underline{\sigma_l = 13\ \text{N/mm}^2}} < \sigma_{lzul} = 2\, \tau_{a\,zul}$$

6.3.12 Berechnung der Deckelschrauben

Annahme: 6 Schrauben (gute Teilung)

$F_a = 18$ kN damit $F_B = 18\ \text{kN} : 6 = 3$ kN

vorgewählt M8–6.9

$$F_{VM} = k_A\, k_L\, F_B\, (1 - \Phi)$$

$$F_{VM} = 3 \cdot 4 \cdot 3\ \text{kN}\, (1 - 0{,}28)$$

$$\underline{\underline{F_{VM} = 25{,}8\ \text{kN}}} > F_{V\,0,9} = 13{,}9\ \text{kN}$$

$k_A = 3$ (Handanziehen)

$k_L = 4$ geschätzt

$\Phi = q\Phi'$

$\Phi = 0{,}75 \cdot 0{,}37$

$\underline{\Phi = 0{,}28}$

$$\frac{l_k}{d} = \frac{10\ \text{mm} + 0{,}5 \cdot 8\ \text{mm}}{8\ \text{mm}}$$

$$\frac{l_k}{d} = 1{,}75$$

Neu gewählt: Zylinderschraube M 10 × 20 DIN 912–6.9

$F_{VM} = 3 \cdot 3 \cdot 3$ kN $(1 - 0{,}28)$ ← $k_A = 3$, $k_L = 3$, $\Phi = 0{,}28$ ← $\frac{l_k}{d} = \frac{15\text{ mm}}{10\text{ mm}} = 1{,}5$

$F_{VM} = 19{,}4$ kN $< F_{V\,0,9} = 22{,}1$ kN

Die gewählten Schrauben können verwendet werden.

6.3.13 Berechnung der Flächenpressung in den Tragblechen

$p = \frac{F}{A} \leqslant p_{zul}$ ← $F = F_{B\,1} = 99{,}4$ kN (s. Lösung 6.3.8)

$p = \frac{99400\text{ N}}{4400\text{ mm}^2}$ ← $A = d\,l = 100\text{ mm} \cdot (15 + 14 + 15)\text{ mm} = 4400\text{ mm}^2$

$p = 22{,}6\text{ N/mm}^2 < p_{zul} = 40 \ldots 80\text{ N/mm}^2$

6.3.14 Bestimmung der Dichtung und der Schmierung für die Lagerstellen

Dichtung: Filzring 100 DIN 5419 F2
Schmiernippel: A M16 × 1,5 DIN 3404

Zur *Schmierung* wird gewöhnlich ein Natronfett verwendet, das in Abständen von ca. einem Jahr nachgeschmiert wird.

7 Zweistufiges Universalgetriebe in Schweißkonstruktion

7.1 Aufgabenstellung

Es ist ein Flanschmotorgetriebe mit geradverzahnten Nullstirnrädern nach nebenstehender Prinzipskizze zu entwerfen und zu berechnen. Da das Getriebe eine Einzelfertigung ist, sollen das Gehäuse und die Großräder möglichst als Schweißkonstruktion entworfen werden.

Zur Verfügung steht ein Flanschmotor mit einer schwellenden Nennleistung von $P_n = 7{,}5$ kW bei einer Lastdrehzahl von $n_1 = 1440$ 1/min. Das Drehmoment soll über eine Scheibenkupplung nach DIN 116 an der Welle II mit $n_3 = 125$ 1/min ausgeleitet werden.

Aus den Betriebsverhältnissen ergibt sich erfahrungsgemäß für die Festigkeitsberechnung ein Betriebsfaktor $c_{SB} = 1{,}7$ und für die Materialermüdung (Grübchenbildung) ein Betriebsfaktor $c_{SG} = 1{,}3$.

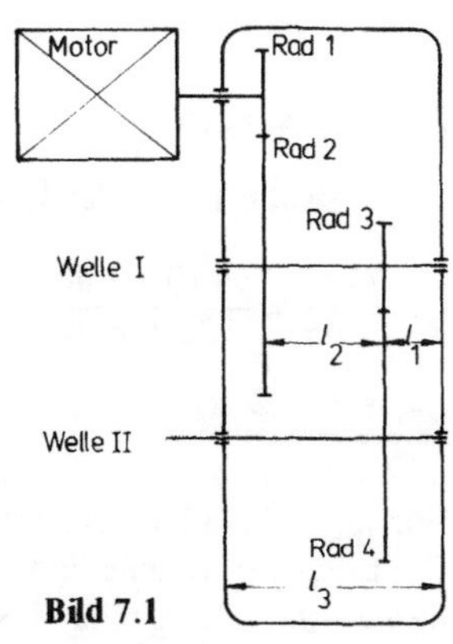

Bild 7.1

7.2 Lösungshinweise

Bei der Überlegung nach dem Lösungsweg kann das in der Einleitung aufgezeichnete Flußbild verwendet werden.

Die Aufgabe wird dem Flußbild entsprechend in folgender Reihenfolge gelöst:

- Bestimmung des Übersetzungsverhältnisses i_{ges} und Wahl der Einzelübersetzungen i_1 und i_2 (Abschnitt 7.3.1).
- Überschlägige Berechnung der Wellendurchmesser für die Wellen I und II. (Wegen des geringen Einflusses auf die Festigkeitsberechnung werden die Wirkungsgrade vernachlässigt.) Der Flanschmotor hat ein Wellenende 38 m6 × 80 DIN 748 (Abschnitt 7.3.2).
- Bestimmung der Zahnradabmessungen, der Verzahnungsqualität nach DIN 3961, der Achsabstände und der Toleranzen der Achsabstände nach DIN 3964 (Abschnitt 7.3.3).
- Bestimmung der Zahnradwerkstoffe für Dauerbetrieb bei „mittlerer" Ölzähigkeit. Bei der Wahl der Großradwerkstoffe soll auf die Schweißeignung geachtet werden (Abschnitt 7.3.4).
- Festlegung der Maße für die Großräder, wie Nabenmaße, Stegmaße, Zahnkranzdicken und Schweißnahtdicken a. Prüfung der Schweißnähte (Abschnitt 7.3.5).
- Entwurf des Getriebes in Blei mit den berechneten Werten und Festlegung der Werte für die weitere Berechnung (Abschnitt 7.3.6).
- Genaue Berechnung der Wellen I und II (Wirkungsgrade werden wieder vernachlässigt). Evtl. notwendige Änderungen vornehmen (Abschnitt 7.3.7).
- Berechnung der Wälzlager für beide Wellen. Die Lebensdauer der Wälzlager soll mit $L_h = 20000$ Stunden angenommen werden. Angabe der Toleranzen für die Gehäusebohrungen und die Wellensitze (Abschnitt 7.3.8).
- Bestimmung geeigneter Paßfedern, Angabe der Normbezeichnungen und der Toleranzen für den Paßfedersitz und für die Wellen-Naben-Verbindungen. Prüfung der Tragfähigkeit der Paßfederverbindungen (Abschnitt 7.3.9).
- Festlegung des Wellenendes der Welle II und Wahl einer geeigneten Radialwellendichtung (Abschnitt 7.3.10).

7.3 Lösungen

7.3.1 Bestimmung der Übersetzungsverhältnisse

$$i_{ges} = \frac{n_1}{n_3} = \frac{1440\ 1/\text{min}}{125\ 1/\text{min}}$$

$$\underline{\underline{i_{ges} = 11{,}52}}$$

Für $i_{ges} = 11{,}52$ ist ein zweistufiges Getriebe erforderlich, da sonst die Abmessungen des Großrades zu ungünstig werden und ein großer Verschleiß der Zähne des Ritzels gegenüber den Zähnen des Großrades zu erwarten ist.

Gewählt: $i_1 = 3{,}6$

$$i_2 = \frac{i_{ges}}{i_1} = \frac{11{,}52}{3{,}6} = 3{,}2$$

7.3.2 Überschlägige Wellenberechnung

$d_I = c_1 \sqrt[3]{M_{t\,max\,I}}$ ← $M_{t\,max\,I} = i_1 M_{t\,max}$ ← $M_{t\,max} = c_{SB} M_{t\,n}$

$d_I = 6{,}9 \cdot \sqrt[3]{304}$ mm | $M_{t\,max\,I} = 3{,}6 \cdot 84{,}5$ Nm | $M_{t\,max} = 1{,}7 \cdot 9550 \frac{P}{n}$

$\underline{\underline{d_I = 46{,}5 \text{ mm}}}$ | $\underline{M_{t\,max\,I} = 304 \text{ Nm}}$ | $M_{t\,max} = 1{,}7 \cdot 9550 \frac{7{,}5}{1440}$ Nm

$\underline{c_1 = 6{,}9}$ für St 37

$\underline{M_{t\,max} = 84{,}5 \text{ Nm}}$

$d_{II} = d_I \sqrt[3]{i_2} = 46{,}5 \text{ mm} \cdot \sqrt[3]{3{,}2}$

$\underline{\underline{d_{II} = 68{,}5 \text{ mm}}}$

gewählt: $d_I = 50$ mm; $d_{II} = 71$ mm nach DIN 3 und DIN 323 R20.

7.3.3 Bestimmung der Zahnradabmessungen

$d_1 \geqslant 2$ mal Wellendurchmesser

$d_1 \geqslant 2 \cdot 38 \text{ mm} = 76 \text{ mm}$

$z_1 = 20 \ldots 25$ Zähne aus $v_u = d_1 \pi n_1 = 0{,}076 \text{ m} \cdot \pi \cdot \frac{1440}{60 \text{ s}} = 5{,}7 \text{ m/s}$

$$m_1 = \frac{d_1}{z_1} = \frac{76 \text{ mm}}{20 \ldots 25} = 3{,}8 \ldots 3{,}04 \text{ mm}$$

gewählt: $m_1 = 4$ mm nach DIN 780 Reihe 1, damit die Maße für die Schweißkonstruktion nicht zu klein werden.

Für die erste Stufe ergeben sich bei $i_1 = 3{,}6$ folgende Möglichkeiten:

m_1 mm	z_1	z_2	d_1 mm	d_2 mm
4	20	72	80	288
4	21	76	84	304
4	22	79	88	316
4	23	83	92	332
4	24	86	96	344
4	25	90	100	360

Die endgültigen Maße werden nach Berechnung der zweiten Stufe festgelegt. Dabei ist zu beachten, daß der Achsabstand a_2 und der Durchmesser des Rades 2 so gewählt werden, daß das Rad 2 frei läuft.

Für die zweite Stufe wird:

$d_3 \geqslant 2 d_I \geqslant 2 \cdot 50 \text{ mm} = 100 \text{ mm}$

$v_u = d_3 \pi n_2$ ← $n_2 = \frac{n_1}{i_1} = \frac{1440\ 1/\text{min}}{3,6} = 400\ 1/\text{min}$

$v_u = 0,1\ \text{m} \cdot \pi \cdot \frac{400}{60\ \text{s}} = 2,09\ \text{m/s}$

$z_3 = 18 \ldots 22$ Zähne

$m_2 = \frac{d_3}{z_3} = 4,55 \ldots 5,55$ mm

gewählt: $m_2 = 5$ mm nach DIN 780 Reihe 1

Damit ergeben sich für die zweite Stufe bei $i_2 = 3,2$ folgende Möglichkeiten:

m_2 mm	z_3	z_4	d_3 mm	d_4 mm	$a_2 = \frac{z_1 + z_2}{2} m$ mm
5	18	58	90[1])		
5	19	61	95[1])		
5	20	64	100	320	210
5	21	67	105	335	220
5	22	70	110	350	230

[1]) entfällt, da $d_3 < 100$

Bedingung

$$a_2 \geqslant \frac{d_2}{2} + m_1 + \frac{d'_{II}}{2} + 5\ \text{mm}$$

← d'_{II} wird 75 mm gewählt, um einen genügend großen Bund als Anschlag für die Radnabe zu bekommen.

$$a_2 \geqslant \frac{288 \ldots 360\ \text{mm}}{2} + 4\ \text{mm} + \frac{75\ \text{mm}}{2} + 5\ \text{mm} = 190,5 \ldots 226,5\ \text{mm}$$

Die Bedingung wird bei geeigneter Wahl von mehreren Werten erfüllt.

gewählt: $m_1 = 4$ mm; $z_1 = 22$ Zähne; $z_2 = 79$ Zähne
$m_2 = 5$ mm; $z_3 = 20$ Zähne; $z_4 = 64$ Zähne

Spiel zwischen Kopfkreis des Rades 2 und der Welle d_{II} ist:

$$a_2 - \frac{d_{a2}}{2} - \frac{d'_{II}}{2} = 210\ \text{mm} - \frac{324\ \text{mm}}{2} - \frac{75\ \text{mm}}{2} = 10,5\ \text{mm (reicht aus!)}$$

$b_1 = \psi_m\, m_1 = (15 \ldots 30) \cdot 4\ \text{mm} = 60 \ldots 120\ \text{mm}$
$b_1 = \psi_d\, d_1 = 0,75 \cdot 88\ \text{mm} = 66\ \text{mm}$

Für das *Wellenende* $38_{m6} \times 80$ DIN 748 mit Sicherungsring $38 \times 1,75$ DIN 471 wird b_1 zweckmäßig 75 mm.

$b_2 = 0,9\, b_1 = 0,9 \cdot 75\ \text{mm} = 67,5\ \text{mm}$
$b_2 = b_1 - (5 \ldots 10)\ \text{mm} = 75\ \text{mm} - (5 \ldots 10)\ \text{mm} = 65 \ldots 70\ \text{mm}$

gewählt: $b_2 = 70$ mm

$b_3 = \psi_m\, m_2 = (15 \ldots 30) \cdot 5\ \text{mm} = 75 \ldots 150\ \text{mm}$
$b_3 = \psi_d\, d_3 = 0,73 \cdot 100\ \text{mm} = 73\ \text{mm}$

gewählt: $b_3 = 100$ mm

$b_4 = 0{,}9\, b_3 = 0{,}9 \cdot 100 \text{ mm} = 90 \text{ mm}$

$b_4 = b_3 - (5 \ldots 10) \text{ mm} = 100 \text{ mm} - (5 \ldots 10) \text{ mm} = 90 \ldots 95 \text{ mm}$

gewählt: $b_4 = 95$ mm

$$a_1 = \frac{z_1 + z_2}{2} m_1 = \frac{22 + 79}{2} \cdot 4 \text{ mm} = 202 \text{ mm}$$

$$a_2 = \frac{z_3 + z_4}{2} m_2 = \frac{20 + 64}{2} \cdot 5 \text{ mm} = 210 \text{ mm}$$

Verzahnungsqualität: 8 für $v_{u1} = 5{,}7$ m/s
Toleranz der Achsabstände: ± 50 μm

$$i_{ges} = \frac{z_2 z_4}{z_1 z_3} = \frac{79 \cdot 64}{22 \cdot 20} = 11{,}49$$ (eine Toleranz des Übersetzungsverhältnisses ± 3 % ist in der Regel zulässig)

Zusammenstellung aller gewählten Maße
Für die erste Stufe:

z_1 = 22 Zähne;	z_2 = 79 Zähne;	i_1 = 3,59
m_1 = 4 mm;	d_1 = 88 mm;	d_2 = 316 mm
d_{a1} = 96 mm;	d_{a2} = 324 mm;	a_1 = 202 mm
b_1 = 75 mm;	b_2 = 70 mm	

Für die zweite Stufe:

z_3 = 20 Zähne;	z_4 = 64 Zähne;	i_2 = 3,2
m_2 = 5 mm;	d_3 = 100 mm;	d_4 = 320 mm
d_{a3} = 110 mm;	d_{a4} = 330 mm;	a_2 = 210 mm
b_3 = 100 mm;	b_4 = 95 mm	

Verzahnungsqualität: für beide Stufen: 8
Toleranz der Achsabstände: für beide Stufen ± 50 μm.

7.3.4 Berechnung der Zahnradwerkstoffe

Da die 8. Verzahnungsqualität gewählt wurde, kann die vereinfachte Berechnung angewendet werden.

Für die erste Stufe wird:

$$\sigma_{F\,lim} \geqslant S_{F\,min} \frac{F_{t\,max}}{b\,m} Y_F Y_\beta$$

$$\sigma_{F\,lim\,1} \geqslant 2 \cdot \frac{1920 \text{ N}}{75 \text{ mm} \cdot 4 \text{ mm}} \cdot 2{,}85 \cdot 1$$

$$\underline{\underline{\sigma_{F\,lim\,1} \geqslant 36{,}5 \text{ N/mm}^2}}$$

$$\sigma_{F\,lim\,2} \geqslant 2 \cdot \frac{1920 \text{ N}}{70 \text{ mm} \cdot 4 \text{ mm}} \cdot 2{,}25 \cdot 1$$

$$\underline{\underline{\sigma_{F\,lim\,2} \geqslant 30{,}86 \text{ N/mm}^2}}$$

$\underline{S_{F\,min} = 2}$

$$F_{t\,max} = \frac{2 M_{t\,max}}{d_1} = \frac{2 \cdot 84{,}5 \text{ Nm}}{0{,}088 \text{ m}}$$

$\underline{F_{t\,max} = 1920 \text{ N}}$

$\underline{Y_{F1} = 2{,}85}$

$\underline{Y_{F2} = 2{,}25}$

$\underline{Y_\beta = 1}$ da $\beta = 0°$

Da eine Schweißkonstruktion vorgesehen ist, kommt für die Werkstoffpaarung nur eine Stahl-Stahl-Kombination in Frage.

$$\sigma_{H\,lim} \geqslant S_{H\,min} \sqrt{\frac{F_{tH\,1}}{b_{min}\, d_1} \cdot \frac{u+1}{u} \cdot \frac{Z_M\, Z_H}{K_L}}$$

$$\sigma_{H\,lim} \geqslant 1{,}5 \sqrt{\frac{1468}{70 \cdot 88} \cdot \frac{3{,}59+1}{3{,}59} \cdot \frac{270 \cdot 1{,}76}{1}} \text{N/mm}^2$$

$$\underline{\underline{\sigma_{H\,lim} \geqslant 393{,}5\ \text{N/mm}^2}}$$

$\underline{S_{H\,min} = 1{,}5}$

$F_{tH\,1} = F_{t\,max} \dfrac{c_{SG}}{c_{SB}} = 1920\ \text{N} \dfrac{1{,}3}{1{,}7}$

$\underline{F_{tH\,1} = 1468\ \text{N}}$

$\underline{Z_M = 270}$

$\underline{Z_H = 1{,}76}$

$\underline{K_L = 1}$

Wahl der Werkstoffe für die erste Stufe

Ritzel: Ck 60 vergütet

$$\underline{\underline{\sigma_{F\,lim} = 220\ \text{N/mm}^2}} > 36{,}5\ \text{N/mm}^2$$

$$\underline{\underline{\sigma_{H\,lim} = 620\ \text{N/mm}^2}} > 393\ \text{N/mm}^2$$

Großrad: Ck 22 vergütet (der Werkstoff ist gut schweißbar)

$$\underline{\underline{\sigma_{F\,lim} = 170\ \text{N/mm}^2}} > 30{,}86\ \text{N/mm}^2$$

$$\underline{\underline{\sigma_{H\,lim} = 440\ \text{N/mm}^2}} > 393\ \text{N/mm}^2$$

Für die zweite Stufe wird:

$$\sigma_{F\,lim} \geqslant S_{F\,min} \frac{F_{t\,max}}{b\,m} Y_F\, Y_\beta$$

$$\sigma_{F\,lim\,3} \geqslant 2 \cdot \frac{6080\ \text{N}}{100\ \text{mm} \cdot 5\ \text{mm}} \cdot 2{,}9 \cdot 1$$

$$\underline{\underline{\sigma_{F\,lim\,3} \geqslant 70{,}5\ \text{N/mm}^2}}$$

$$\sigma_{F\,lim\,4} \geqslant 2 \cdot \frac{6080\ \text{N}}{95\ \text{mm} \cdot 5\ \text{mm}} \cdot 2{,}3 \cdot 1$$

$$\underline{\underline{\sigma_{F\,lim\,4} \geqslant 58{,}88\ \text{N/mm}^2}}$$

$\underline{S_{F\,min} = 2}$

$F_{t\,max} = \dfrac{2 M_{t\,max\,I}}{d_3} = \dfrac{2 \cdot 304\ \text{Nm}}{0{,}1\ \text{m}}$

$\underline{F_{t\,max} = 6080\ \text{N}}$

$\underline{Y_{F\,3} = 2{,}9;}$ $\underline{Y_{F\,4} = 2{,}3}$

$\underline{Y_\beta = 1,}$ da $\beta = 0°$

Auch für die zweite Stufe ist die Werkstoffpaarung Stahl–Stahl.

$$\sigma_{H\,lim} \geqslant S_{H\,min} \sqrt{\frac{F_{tH}}{b_{min}\, d_3} \cdot \frac{u+1}{u} \cdot \frac{Z_M\, Z_H}{K_L}}$$

$$\sigma_{H\,lim} \geqslant 1{,}5 \cdot \sqrt{\frac{4650}{95 \cdot 100} \cdot \frac{3{,}2+1}{3{,}2} \cdot \frac{270 \cdot 1{,}76}{1}}\ \text{N/mm}^2$$

$$\underline{\underline{\sigma_{H\,lim} \geqslant 571\ \text{N/mm}^2}}$$

$F_{tH} = F_{t\,max} \dfrac{c_{SG}}{c_{SB}}$

$F_{tH} = 6080\ \text{N} \cdot \dfrac{1{,}3}{1{,}7}$

$\underline{F_{tH} = 4650\ \text{N}}$

Wahl der Zahnradwerkstoffe für die zweite Stufe

Ritzel und *Großrad* aus C 15 einsatzgehärtet.
Der Werkstoff C 15 ist gut schweißbar.

$\sigma_{F\,lim} = 230\ \text{N/mm}^2 > 70{,}5\ \text{N/mm}^2$
$\sigma_{H\,lim} = 1600\ \text{N/mm}^2 > 571\ \text{N/mm}^2$

Bei einer Einzelfertigung ist evtl. zu überlegen, ob man nicht beide Stufen aus dem gleichen Material fertigt. Bei den Großrädern werden nur die Zahnkränze aus dem hochwertigen Material hergestellt. Nabe und Steg werden aus St 37 gefertigt.

7.3.5 Berechnung der Schweißnähte

Nabenmaße

Für das Rad 2

$D = (1{,}6 \ldots 1{,}8)\, d_I = (1{,}6 \ldots 1{,}8) \cdot 50\ \text{mm} = 80 \ldots 90\ \text{mm}$
$L = (1{,}6 \ldots 1{,}8)\, d_I = 80 \ldots 90\ \text{mm}$

gewählt: $D = 80$ mm; $L = 90$ mm
Scheibendicke $s \approx 1 \cdot m = 1 \cdot 4\ \text{mm} = 4\ \text{mm}$
evtl. 4 Rippen von ca. $0{,}7 \cdot s = 0{,}7 \cdot 4\ \text{mm} \approx 3\ \text{mm}$ zur Versteifung einschweißen.
Kranzdicke $e = 4 \cdot m = 4 \cdot 4\ \text{mm} = 16\ \text{mm}$

Für das Rad 4

$D = (1{,}6 \ldots 1{,}8)\, d_{II} = (1{,}6 \ldots 1{,}8) \cdot 71\ \text{mm} = 113{,}5 \ldots 127{,}5\ \text{mm}$
$L = (1{,}6 \ldots 1{,}8)\, d_{II} = 113{,}5 \ldots 127{,}5\ \text{mm}$

gewählt: $D = 115$ mm; $L = 125$ mm
Scheibendicke $s \approx 1 \cdot 5\ \text{mm} = 5\ \text{mm}$
evtl. 4 Rippen von ca. $0{,}7 \cdot 5\ \text{mm} = 3{,}5\ \text{mm}$ einschweißen
Kranzdicke $e = 4 \cdot m = 4 \cdot 5\ \text{mm} = 20\ \text{mm}$

Als Schweißnähte wird für beide Räder eine Hohlkehlnaht mit $a = 3$ mm gewählt.

Für die Nachrechnung genügt die Berechnung der Schubspannungen in den Nabennähten.
Für das Rad 2 wird:

$$\tau_w = \frac{F}{\Sigma(a\,l)} \qquad \leftarrow \qquad F = \frac{2 M_{t\,max\,I}}{D}, \quad \Sigma(a\,l) = D\pi a$$

$$\tau_w = \frac{2 M_{t\,max\,I}}{D\,D\,\pi\,a} = \frac{2 \cdot 305\ \text{Nm}}{0{,}08\ \text{m} \cdot 80\ \text{mm} \cdot \pi \cdot 3\ \text{mm}}$$

$$\underline{\underline{\tau_w = 10{,}1\ \text{N/mm}^2}}$$

Für das Rad 4 wird:

$$\tau_w = \frac{2 M_{t\,max\,II}}{D D \pi a} = \frac{2 \cdot 970{,}9\ \text{Nm}}{0{,}115\ \text{m} \cdot 115\ \text{mm} \cdot \pi \cdot 3\ \text{mm}}$$

$$\underline{\underline{\tau_w = 15{,}6\ \text{N/mm}^2}}$$

$M_{t\,max\,II} = M_{t\,max}\, i_{ges}$
$M_{t\,max\,II} = 84{,}5\ \text{Nm} \cdot 11{,}49$
$M_{t\,max\,II} = 970{,}9\ \text{Nm}$

$$\tau_{w\,zul} = \frac{\tau_D\, b_1\, b_2}{\nu} = \frac{170\ \text{N/mm}^2 \cdot 0{,}65 \cdot 0{,}8}{2}$$

$$\underline{\underline{\tau_{w\,zul} = 44\ \text{N/mm}^2}}$$

$\tau_D = 170\ \text{N/mm}^2$

$b_1 = 0{,}65$

$b_2 = 0{,}8$

$\nu = 2$

$\tau_{w\,vorh} < \tau_{w\,zul}$

Die Schweißnähte sind ausreichend bemessen.

7.3.6 Entwurf des Getriebes (Bild 7.2)

Der Entwurf wird zunächst nur in Blei angefertigt, um Änderungen, die sich aus den weiteren Berechnungen ergeben, berücksichtigen zu können.

Für die Lösung der übrigen Aufgaben ist die Festlegung der Werte l_1, l_2 und l_3 erforderlich.

Die Welle I soll an den Lagerstellen um 5 mm abgesetzt sein. Lagerstellen an der Welle II werden 65 mm gewählt.

Es wird zunächst angenommen, daß an der Welle II Rillen-Kugellager der Baureihe 60 ausreichen werden.

Dann wird:

$$l_1 = \frac{\text{Lagerbreite}}{2} + \text{Stützringbreite} + \frac{\text{Nabenbreite des Rades 4}}{2} = \frac{18\ \text{mm}}{2} + 10\ \text{mm} + \frac{125\ \text{mm}}{2}$$

$$\underline{\underline{l_1 = 81{,}5\ \text{mm}}}$$

gewählt: $l_1 = 85$ mm

$$l_2 = \frac{\text{Breite des Rades 3}}{2} + 5\ \text{mm} + \frac{\text{Nabenbreite des Rades 2}}{2} = \frac{100\ \text{mm}}{2} + 5\ \text{mm} + \frac{90\ \text{mm}}{2}$$

$$\underline{\underline{l_2 = 100\ \text{mm}}}$$

Kontrolle: Der Zahnkranz des Rades 2 muß an der Nabe des Rades 4 frei laufen.

$$\frac{b_2}{2} + \frac{\text{Nabenbreite des Rades 4}}{2} = 35\ \text{mm} + 62{,}5\ \text{mm} = 97{,}5\ \text{mm}$$

gewählt: $l_2 = 105$ mm

$$l_3 = l_1 + l_2 + \frac{\text{Nabenbreite des Rades 2}}{2} + 10\ \text{mm} + \frac{\text{Lagerbreite}}{2}$$

$$l_3 = 85\ \text{mm} + 105\ \text{mm} + 45\ \text{mm} + 10\ \text{mm} + 9\ \text{mm}$$

$$\underline{\underline{l_3 = 254\ \text{mm}}}$$

gewählt: $l_3 = 255$ mm

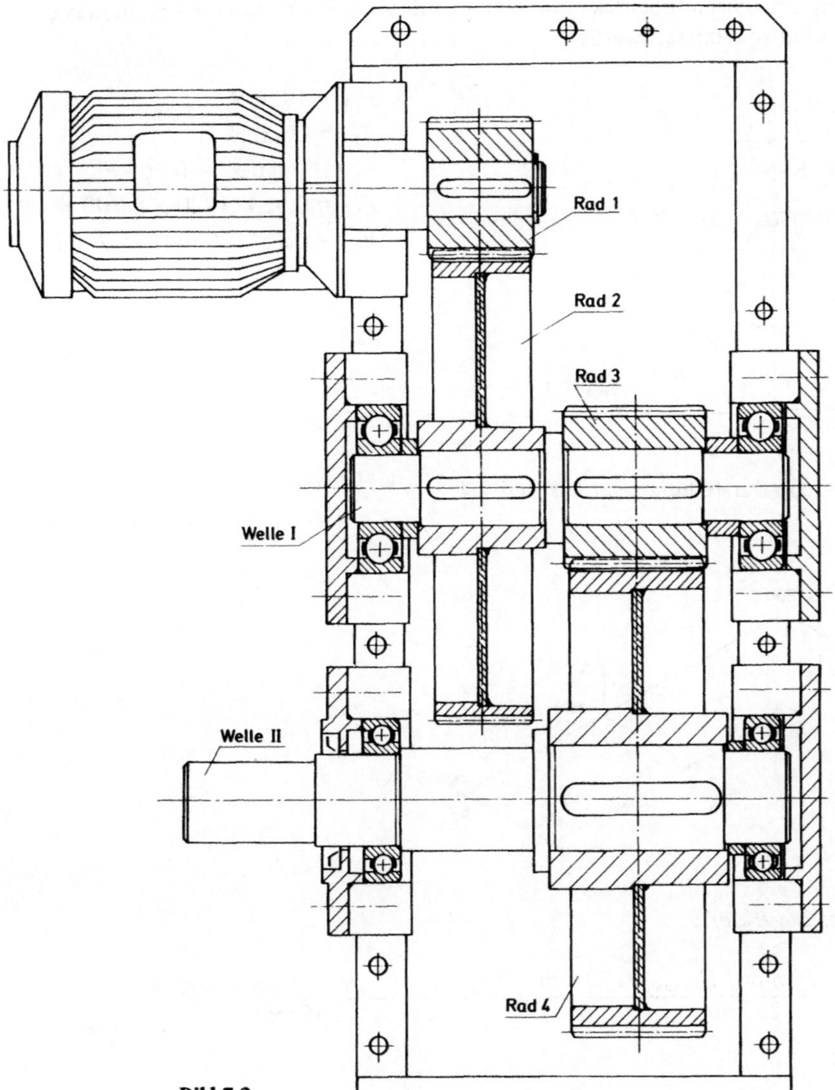

Bild 7.2

7.3.7 Genaue Berechnung der Wellen

Die Welle I muß das Drehmoment $M_{t\,max\,I}$ = 304 Nm aufnehmen.

Außerdem wird sie durch die Zahnkräfte auf Biegung beansprucht. Der erforderliche Durchmesser errechnet sich aus:

$$d \approx \sqrt[3]{\frac{M_v}{0{,}1\ \sigma_{b\,zul}}}$$

$$M_v = \sqrt{M_b^2 + 0{,}75\ (\alpha_0 M_t)^2}$$

Zur Berechnung des Biegemomentes müssen zuerst die *Zahnkräfte* und die sich daraus ergebenden *Lagerkräfte* ermittelt werden.

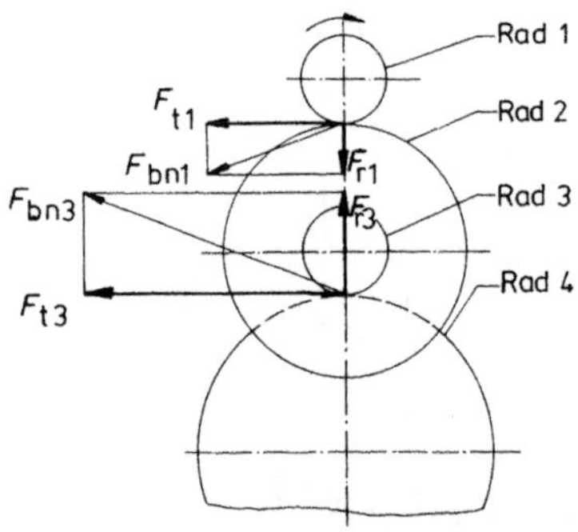

Bild 7.3

$F_{t1} = 1920\ \text{N}$

$F_{t2} = 6080\ \text{N}$

$F_r = F_t \cdot \tan\alpha_0 \approx 0{,}364\ F_t$

$F_{r1} = 0{,}364 \cdot 1920\ \text{N} = 700\ \text{N}$

$F_{r3} = 0{,}364 \cdot 6080\ \text{N} = 2210\ \text{N}$

Die perspektivische Darstellung zeigt das Bild 7.4.

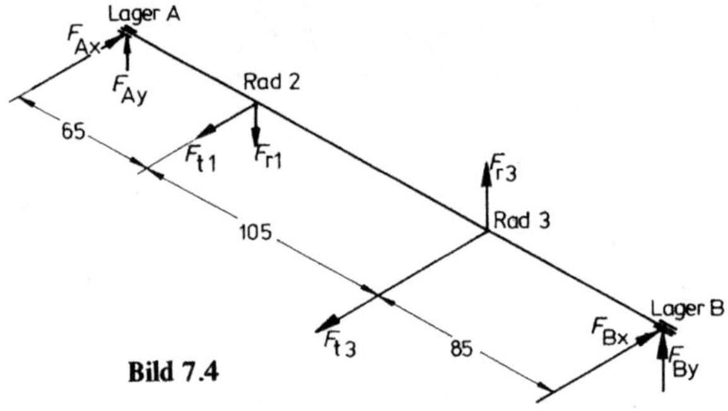

Bild 7.4

Berechnung der Lagerkräfte

$$F_{Bx} = \frac{F_{t\,max\,1} \cdot 65\ \text{mm} + F_{t\,max\,3} \cdot 170\ \text{mm}}{255\ \text{mm}} = \frac{1920\ \text{N} \cdot 65\ \text{mm} + 6080\ \text{N} \cdot 170\ \text{mm}}{255\ \text{mm}}$$

$$\underline{\underline{F_{Bx} = 4543\ \text{N}}}$$

$$F_{Ax} = F_{t\,max\,1} + F_{t\,max\,3} + F_{Bx} = 1920\ \text{N} + 6080\ \text{N} - 4543\ \text{N}$$

$$\underline{\underline{F_{Ax} = 3457\ \text{N}}}$$

$$F_{By} = \frac{-F_{r3} \cdot 170\ \text{mm} + F_{r1} \cdot 65\ \text{mm}}{255\ \text{mm}} = \frac{-2210\ \text{N} \cdot 170\ \text{mm} + 700\ \text{N} \cdot 65\ \text{mm}}{255\ \text{mm}}$$

$$\underline{\underline{F_{By} = -1295\ \text{N}}} \downarrow$$

$$F_{Ay} = -F_{r3} + F_{r1} + F_{By} = -2210\ \text{N} + 700\ \text{N} + 1295\ \text{N}$$

$$\underline{\underline{F_{Ay} = -215\ \text{N}}} \downarrow$$

Damit wird

$$F_A = \sqrt{F_{Ax}^2 + F_{Ay}^2} = \sqrt{3{,}46^2 + 0{,}22^2}\ \text{kN}$$

$$\underline{\underline{F_A = 3{,}46\ \text{kN}}}$$

$$F_B = \sqrt{F_{Bx}^2 + F_{By}^2} = \sqrt{4{,}55^2 + 1{,}3^2}\ \text{kN}$$

$$\underline{\underline{F_B = 4{,}73\ \text{kN}}}$$

Man erkennt, daß das größte Biegemoment in der Mitte des Rades 3 liegt (größte Lagerkraft in B und längster Abstand).

$$M_{b\,max} = M_{b\,res\,3}$$

$$M_{b\,res\,3} = \sqrt{M_{x\,3}^2 + M_{y\,3}^2}$$

$M_{x\,3} = F_{B\,x} \cdot 85\ \text{mm} = 4{,}55\ \text{kN} \cdot 85\ \text{mm} = 38{,}7 \cdot 10^4\ \text{Nmm}$

$M_{y\,3} = F_{B\,y} \cdot 85\ \text{mm} = 1{,}3\ \text{kN} \cdot 85\ \text{mm} = 11 \cdot 10^4\ \text{Nmm}$

$$M_{b\,res\,3} = \sqrt{(38{,}7 \cdot 10^4)^2 + (11 \cdot 10^4)^2}\ \text{Nmm}$$

$$\underline{\underline{M_{b\,res\,3} = 40{,}2 \cdot 10^4\ \text{Nmm}}}$$

Damit wird das *Vergleichsmoment*

$$M_v = \sqrt{M_b^2 + 0{,}75\,(\alpha_0 M_t)^2} \qquad \alpha_0 = 0{,}7$$

$$M_v = \sqrt{(40{,}2 \cdot 10^4)^2 + 0{,}75\,(0{,}7 \cdot 30{,}4 \cdot 10^4)^2}\ \text{Nmm}$$

$$\underline{\underline{M_v = 44{,}2 \cdot 10^4\ \text{Nmm}}}$$

Bestimmung der zulässigen Spannung

$$\sigma_{b\,zul} = \frac{\sigma_D\, b_1\, b_2}{\nu \beta_k}$$

$\underline{\sigma_D = 200\ \text{N/mm}^2}$ für St 37

$\underline{b_1 = 0{,}92}$ für $R_t = 6\ \mu\text{m}$

(Die Welle erhält die ISO-Qualität 6. dafür ist $R_{t\,max} = 8\ \mu\text{m}$)

$\underline{b_2 = 0{,}8}$

$\underline{\nu = 1{,}5}$ normal

$\underline{\beta_k = 1{,}7}$

$$\sigma_{b\,zul} = \frac{200\ \text{N/mm}^2 \cdot 0{,}92 \cdot 0{,}8}{1{,}5 \cdot 1{,}7}$$

$$\underline{\underline{\sigma_{b\,zul} = 57{,}7\ \text{N/mm}^2}}$$

$$d_{erf} \approx \sqrt[3]{\frac{M_v}{0{,}1\,\sigma_{b\,zul}}} = \sqrt[3]{\frac{442000\ \text{Nmm}}{0{,}1 \cdot 57{,}7\ \text{N/mm}^2}} \approx$$

$$\underline{\underline{d_{erf} \approx 43\ \text{mm}}}$$

Der vorgewählte Wellendurchmesser $d_I = 50$ mm kann beibehalten werden.

Berechnung des Wellendurchmessers d_{II}.

Der kritische Querschnitt der Welle II liegt in der Mitte des Rades 4.

$$M_v = \sqrt{M_b^2 + 0{,}75\,(\alpha_0 M_t)^2}$$

Bestimmung von M_b

$M_b = F_B \cdot 85$ mm

$M_b = 4330\ \text{N} \cdot 85$ mm

$M_b = 36{,}8 \cdot 10^4$ Nmm

$F_B = \dfrac{F_{bn4} \cdot 170\ \text{mm}}{255\ \text{mm}}$

$F_B = \dfrac{6500\ \text{N} \cdot 170\ \text{mm}}{255\ \text{mm}}$

$F_B = 4330$ N

$F_{bn4} = 1{,}065\, F_{t\,max\,3} = 1{,}065 \cdot 6080$ N

$F_{bn4} = 6{,}5$ kN

$M_v = \sqrt{(36{,}8 \cdot 10^4)^2 + 0{,}75\,(0{,}7 \cdot 97{,}1 \cdot 10^4)^2}$ Nmm

$M_v = 69 \cdot 10^4$ Nmm

$d \approx \sqrt[3]{\dfrac{M_v}{0{,}1\,\sigma_{b\,zul}}}$

$d = \sqrt[3]{\dfrac{694000\ \text{Nmm}}{0{,}1 \cdot 54\ \text{N/mm}^2}}$

$d = 50{,}5$ mm

$\sigma_{b\,zul} = \dfrac{\sigma_D\, b_1\, b_2}{\nu\, \beta_k}$

$\sigma_{b\,zul} = \dfrac{200\ \text{N/mm}^2 \cdot 0{,}92 \cdot 0{,}75}{1{,}5 \cdot 1{,}7}$

$\sigma_{b\,zul} = 54\ \text{N/mm}^2$

$\sigma_D = 200\ \text{N/mm}^2$

$b_1 = 0{,}92$ für $R_t = 6\ \mu$m

(Die Welle erhält die ISO-Qualität 6 dafür ist $R_{t\,max} = 8\ \mu$m)

$b_2 = 0{,}75$

$\nu = 1{,}5$

$\beta_k = 1{,}7$

Der Durchmesser der Welle II ist mit 71 mm zwar reichlich bemessen, aber da die aufzunehmende Kupplung nach DIN 116 einen Bohrungsdurchmesser von 60 mm hat, wird der Lagersitz 65 mm und damit der Wellendurchmesser 71 mm beibehalten.

7.3.8 Berechnung der Wälzlager

Bestimmung der Wälzlager der Welle I.

Bei geradverzahnten Stirnrädern tritt keine Axialkraft auf.

Lager B:

$P = F_r$

$F_r = \dfrac{F_B\, c_{SG}}{c_{SB}} = \dfrac{4{,}84\ \text{kN} \cdot 1{,}3}{1{,}7}$

$F_r = 3{,}7$ kN

$C = \dfrac{P f_L}{f_n}$

$C = \dfrac{3{,}6\ \text{kN} \cdot 3{,}42}{0{,}437}$

$f_L = 3{,}42$

$f_n = 0{,}437$ für $n_2 = 400$ 1/min

$C = 28{,}2$ kN

gewählt: Rillenkugellager 6309 mit $C = 40{,}5$ kN

Lager A:

$P = F_r$

$F_r = \dfrac{F_A\, c_{SG}}{c_{SB}} = \dfrac{3{,}46\ \text{kN} \cdot 1{,}3}{1{,}7}$

$F_r = 2{,}65$ kN

$C = \dfrac{2{,}65\ \text{kN} \cdot 3{,}42}{0{,}437}$

$C = 20{,}7$ kN

Für Seite A genügt ein Rillenkugellager 6209 mit $C = 25$ kN. Es ist jedoch zu überlegen, ob man nicht aus fertigungstechnischen Gründen (gleiche Bohrwerkzeuge) beide Lagerstellen gleichgroß ausführt.

Bestimmung der Wälzlager der Welle II.

Lager B:

$$C = \frac{3{,}32\ \text{kN} \cdot 3{,}42}{0{,}644} \quad \leftarrow \quad P = F_r = \frac{4{,}33\ \text{kN} \cdot 1{,}3}{1{,}7}$$

$$\underline{\underline{C = 17{,}7\ \text{kN}}} \qquad \underline{P = 3{,}32\ \text{kN}}$$

$$\underline{f_n = 0{,}644} \quad \text{für } n = 125\ 1/\text{min}$$

gewählt: Für beide Seiten der Welle II Rillenkugellager 6013 mit $C = 23{,}6$ kN

Verschleißlaufzeit: $L_V = 20000\ \text{h} \mathrel{\hat{=}} L_h$

Toleranzen der Wellensitze: an Welle I und II k6

Toleranzen der Gehäusebohrungen: H7.

7.3.9 Berechnung der Paßfederverbindungen

gewählt: Für Rad 2 Paßfeder A 14 × 9 × 70 DIN 6885–St 50k
Für Rad 3 Paßfeder A 14 × 9 × 80 DIN 6885–St 50k
Für Rad 4 Paßfeder A 20 × 12 × 110 DIN 6885–St 50k

Nachrechnung für Rad 2

$$p = \frac{4\, M_{t\,max\,1}}{d\, h\, l_1} \leqslant p_{zul} \quad \leftarrow \quad l_1 = L - b = 70\ \text{mm} - 14\ \text{mm} = 56\ \text{mm}$$

$$p = \frac{4 \cdot 304000\ \text{Nmm}}{50\ \text{mm} \cdot 9\ \text{mm} \cdot 56\ \text{mm}}$$

$$\underline{\underline{p = 48{,}3\ \text{N/mm}^2}} < p_{zul} = 70 \ldots 150\ \text{N/mm}^2$$

Die Flächenpressung für Rad 3 braucht nicht nachgerechnet zu werden, da bei gleichem M_t und größerem L die Flächenpressung kleiner wird.

Nachrechnung für Rad 4

$$p = \frac{4\, M_{t\,II}}{d\, h\, l_1} = \frac{4 \cdot 971000\ \text{Nmm}}{71\ \text{mm} \cdot 12\ \text{mm} \cdot 90\ \text{mm}} \quad \leftarrow \quad l_1 = L - b = 110 - 20 = 90\ \text{mm}$$

$$\underline{\underline{p = 50{,}6\ \text{N/mm}^2}} < p_{zul} = 70 \ldots 150\ \text{N/mm}^2$$

Toleranzen für die Paßfedersitze: $\frac{\text{P9}}{\text{P9}}$

Passungen für die Wellen-Naben-Verbindungen: $\frac{\text{H7}}{\text{k6}}$

7.3.10 Bestimmung des Abtriebzapfens einschließlich der Abdichtung

Wellenende der Welle II

60 × 85 (Länge l_4 der Kupplung = 85 mm).

Mit Paßfeder A 18 × 11 × 70 DIN 6885–St 50k wird

$$p = \frac{4 \cdot 971000 \text{ Nmm}}{60 \text{ mm} \cdot 11 \text{ mm} \cdot 52 \text{ mm}}$$

$$\underline{\underline{p = 113 \text{ N/mm}^2}} > p_{zul} = 60 \ldots 80 \text{ N/mm}^2 \quad \text{für Kupplungsnabe aus GG.}$$

Das Drehmoment kann durch eine Paßfeder nicht übertragen werden. Es empfiehlt sich, für die Verbindung Welle/Kupplung eine Preßpassung zu verwenden (siehe DIN 116 Seite 2).

Gewählt: Radialwellendichtung B 65 × 85 × 10 DIN 3760.

8 Getriebe einer Zweigang-Handbohrmaschine

8.1 Aufgabenstellung

Es soll eine Zweigang-Handbohrmaschine für folgende Daten entworfen und berechnet werden:

Spannweite des Futters	0,5 ... 10 mm
Leistungsabgabe am Futter	ca. 190 Watt
Leerlaufdrehzahlen der Spindel	ca. 1000 und 2500 l/min.

8.2 Lösungshinweise

Die Lösung kann nach folgendem Flußbild erfolgen:

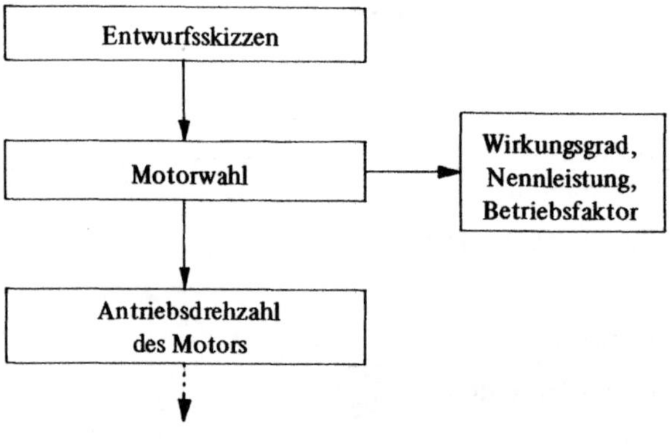

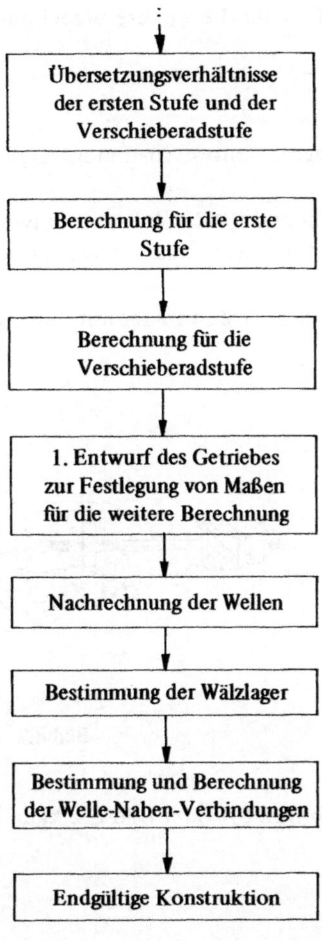

Die Aufgabe wird in der folgenden Reihenfolge gelöst:

- Anfertigung von Entwurfsskizzen als Vorüberlegung zur Lösung der Aufgabe (Abschnitt 8.3.1).
- Wahl des Antriebsmotors und Berechnung der Motorleistung unter Berücksichtigung des Motor- und des Getriebewirkungsgrades (Abschnitt 8.3.2).
- Wahl der Übersetzungsverhältnisse für die erste Stufe und für die Verschieberadstufe (Abschnitt 8.3.3).
- Berechnungen für die erste Stufe als Schrägverzahnung mit Profilverschiebung: Überschlägige Wellenberechnung, Berechnung des Antriebsritzels als Ritzelwelle, Berechnung des Großrades, Berechnung des Achsabstandes, Bestimmung der Profil- und der Sprungüberdeckung, Bestimmung des Stirnlastverteilungsfaktors, Bestimmung der Zahnbreiten, Bestimmung der Verzahnungsqualität, Bestimmung der Zahnradwerkstoffe, Nachrechnung der Ritzelwelle an der kritischen Stelle (Abschnitt 8.3.4).
- Berechnungen für die Verschieberadstufe:
  Vorbestimmung der Wellendurchmesser, Wahl der Zahnradabmessungen, Kontrolle der Abmessungen, Bestimmung der Zahnradwerkstoffe (Abschnitt 8.3.5).

- Entwurf des Getriebes und Festlegung der Maße für die weitere Berechnung (Abschnitt 8.3.6).
- Kontrolle der Zwischenwelle (Abschnitt 8.3.7).
- Nachrechnung der Verschieberadwelle:
  Bestimmung der Auflagerkräfte und des Biegemomentes, Spannungsvergleich (Abschnitt 8.3.8).
- Bestimmung der Wälzlager für die Bohrspindel und für die Zwischenradwelle, Angabe der Lagerbezeichnungen und der Toleranzen für den Lagereinbau. Angabe der Lagerdichtung und Schmierung (Abschnitt 8.3.9).
- Berechnung der Preßpassung für die Verbindung der Zahnräder mit der Zwischenradwelle (Abschnitt 8.3.10).

8.3 Lösungen

8.3.1 Entwurfsskizzen

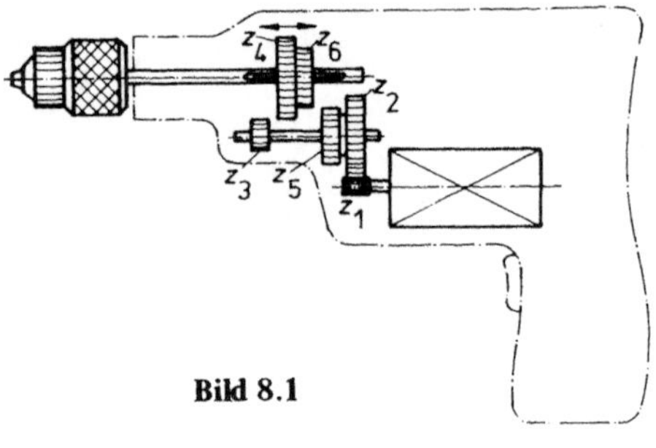

Bild 8.1

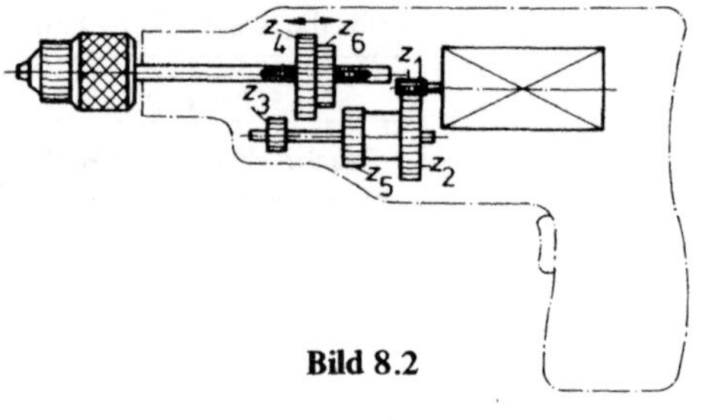

Bild 8.2

Die Entscheidung für die Ausführungsform nach Bild 8.1 oder Bild 8.2 kann zunächst offenbleiben.

8.3.2 Motorwahl

Für Handbohrmaschinen verwendet man Universalmotoren. Da Handbohrmaschinen in großen Serien gefertigt werden, werden die Motoren dem jeweiligen Verwendungszweck entsprechend angepaßt. Allgemein werden heute meist hochtourige Motoren mit Drehzahlen über 10000 1/min verwendet, weil bei diesen Motoren der Frequenzeinfluß auf die Lastdrehzahl deutlich kleiner ausfällt als bei Motoren mit kleineren Drehzahlen[1]).

Gewählt: Universalmotor mit einer Leerlaufdrehzahl von n = 26000 1/min.

Die Nennleistung des Motors errechnet sich aus dem Getriebewirkungsgrad und dem Motorwirkungsgrad.

Für den *Getriebewirkungsgrad* soll erfahrungsgemäß 80 % angenommen werden, da für das zweistufige Getriebe keine Flüssigkeitsreibung gewährleistet ist.

Wird für den Universalmotor ein mittlerer Wirkungsgrad von 50 % angenommen, dann beträgt die Aufnahmeleistung des Motors (= Nennleistung):

$$\underline{\underline{P_i}} = \frac{190 \text{ Watt}}{0{,}8 \cdot 0{,}50} = \underline{\underline{475 \text{ Watt}}}$$

[1]) siehe Labahn, D.: Kleinmotoren in Theorie und Praxis, Herausgegeben von der Fa. Siemens, Seite 11.

Gewählt wird ein Motor mit einer Leistungsaufnahme von 470 Watt.

Damit ergibt sich eine Leistungsabgabe von 188 Watt.

Für Universalmotoren kann das Anlaufmoment das 4 bis 5fache des Nennmomentes betragen, deshalb soll der *Betriebsfaktor gegen Bruch* mit $c_{SB} = 5$ angenommen werden.

Für den *Verschleiß* soll gelten:

Antrieb: E-Motor;
Belastung: Vollast, starke Stöße;
tägliche Laufzeit: ca. 1 h.
Anlauf: leicht oder selten;
Empfindlichkeit: Grübchen;

Damit wird $c_{SG} = 1{,}6$

Zusammenstellung der Werte:

$P_i = 470$ Watt
$n = 26000$ 1/min
$c_{SB} = 5$
$c_{SG} = 1{,}6$
$P_e = 188$ Watt
$\eta_{getr} = 0{,}8$

8.3.3 Wahl der Übersetzungsverhältnisse

Für ein Verschieberadgetriebe empfiehlt es sich, die Antriebsdrehzahl der treibenden Welle in die Nähe der höchsten Abtriebsdrehzahl zu bringen, damit die Unterschiede der Raddurchmesser nicht unzulässig groß werden. Außerdem vermeidet man gern Übersetzungen ins Schnelle, da dies meist zu einem unruhigen Lauf führt.

Sollen die Zahnräder gleichen Modul haben, dann muß die Summe der Zähnezahlen stets gleich sein. Dies erreicht man, indem man die Übersetzungsverhältnisse als Potenzfunktionen voneinander wählt. Im Werkzeugmaschinenbau wählt man die Übersetzungsverhältnisse als Potenzfunktionen des Stufensprungs φ.

Es gibt hier mehrere Lösungsmöglichkeiten.

Gewählt wird: $n_2 = 2800$ 1/min (Drehzahl der Zwischenwelle)

Dann ist:

$$i_{2,1} = \frac{n_2}{n_{3,1}} = \frac{2800\ 1/\text{min}}{1000\ 1/\text{min}} = 2{,}8 \qquad i_{2,2} = \frac{n_2}{n_{3,2}} = \frac{2800\ 1/\text{min}}{2500\ 1/\text{min}} = 1{,}12$$

$$\underline{\underline{i_{2,1} = 1{,}12^9}} \qquad \underline{\underline{i_{2,2} = 1{,}12^1}}$$

Die gewählten Übersetzungen sind somit Potenzen voneinander.

Für die erste Stufe ergibt sich dann:

$$i_1 = \frac{n_1}{n_2} = \frac{26000\ 1/\text{min}}{2800\ 1/\text{min}}$$

$$\underline{\underline{i_1 = 9{,}29}}$$

8.3.4 Berechnung der ersten schrägverzahnten und profilverschobenen Getriebestufe

Bei der Ausführung der ersten Stufe müssen folgende Aspekte beachtet werden:

- Die Motorwelle sollte nicht zu dünn werden.
- Die Zahnradabmessungen sollten möglichst klein sein.

Vorberechnung des Mindestdurchmessers für die Motorwelle

$d \approx c_1 \sqrt[3]{M_{t\,max}}$

$d \approx 5{,}8 \cdot \sqrt[3]{0{,}432}$

$\underline{\underline{d \approx 4{,}38 \text{ mm}}}$

$\underline{c_1 = 5{,}8}$ für hochwertiges Material

$M_{t\,max} = c_{SB} \cdot 9550 \frac{P}{n}$ (Leistungsabgabe am Motor = 235 Watt)

$M_{t\,max} = 5 \cdot 9550 \cdot \frac{0{,}235}{26000}$

$\underline{M_{t\,max} = 0{,}432 \text{ Nm}}$

Berechnung des Antriebsritzels

Bei einer Ausführung als Ritzelwelle gilt: $d_1 \geqslant 1{,}25 \cdot$ Wellendurchmesser

$d_1 = 1{,}25 \cdot 4{,}38 \text{ mm} = \underline{\underline{5{,}48 \text{ mm}}}$

Um die Zahnradabmessungen möglichst klein zu gestalten, aber den Durchmesser der Motorwelle nicht zu klein zu bekommen, wird ein schrägverzahntes Stirnrad mit $z_1 = 4$ Zähnen gewählt.

Bei $z_1 = 4$ Zähnen und einem Schrägungswinkel $\beta = 35°$ ergäbe sich gerade Spitzenbildung.

Gewählt wird ein Schrägungswinkel von $\beta = 40°$ und ein Normalmodul $m_n = 1$ mm.

Dann wird:

$$d_1 = \frac{m_n}{\cos\beta} z_1 = \frac{1 \text{ mm}}{\cos 40°} \cdot 4$$

$\underline{\underline{d_1 = 5{,}22 \text{ mm}}} \approx 5{,}48 \text{ mm}$

Für die Profilverschiebung wird die Ersatzzähnezahl:

$$z_{n1} = \frac{z_1}{\cos^2 \beta_b \cos\beta} = \frac{4}{\cos^2 37{,}16° \cdot \cos 40°}$$

$\underline{\underline{z_{n1} = 8{,}22}}$

$\sin\beta_b = \sin\beta \cos\alpha_n$

$\sin\beta_b = \sin 40° \cdot \cos 20°$

$\underline{\beta_b = 37{,}16°}$

Der kleinste Profilverschiebungsfaktor wird dann:

$$x = \frac{14 - z_{n1}}{17} = \frac{14 - 8{,}22}{17}$$

$\underline{\underline{x = 0{,}34}}$

Bis zur Spitzenbildung kann $x \approx +0{,}6$ sein.

Gewählt: $x = +0{,}5$

damit wird

$v = x\, m_n = 0{,}5 \cdot 1 \text{ mm}$

$\underline{\underline{v = 0{,}5 \text{ mm}}}$

Damit werden die *Zahnradabmessungen für das Ritzel*:

$\underline{\underline{z_1 = 4}}$ $\underline{\underline{d_1 = 5{,}22\ \text{mm}}}$ $\underline{\underline{z_{n1} = 8{,}22}}$

$d_{a1} = d_1 + 2\,m_n + 2\,v = 5{,}22\ \text{mm} + 2 \cdot 1\ \text{mm} + 2 \cdot 0{,}5\ \text{mm}$

$\underline{\underline{d_{a1} = 8{,}22\ \text{mm}}}$

$d_{f1} = d_1 - 2{,}4\,m_n + 2\,v = 5{,}22\ \text{mm} - 2{,}4 \cdot 1\ \text{mm} + 2 \cdot 0{,}5\ \text{mm}$

$\underline{\underline{d_{f1} = 3{,}82\ \text{mm}}}$

Berechnungen des Großrades (ohne Profilverschiebung)

$z_2 = z_1 i = 4 \cdot 9{,}29$

$\underline{\underline{z_2 = 37}}$

$$z_{n2} = \frac{37}{\cos^2 37{,}16° \cdot \cos 40°}$$

$\underline{\underline{z_{n2} = 76{,}04}}$

$$d_2 = \frac{m_n z_2}{\cos\beta} = \frac{1\ \text{mm} \cdot 37}{\cos 40°}$$

$\underline{\underline{d_2 = 48{,}3\ \text{mm}}}$

$d_{a2} = d_2 + 2\,m_n = 48{,}3\ \text{mm} + 2 \cdot 1\ \text{mm}$

$\underline{\underline{d_{a2} = 50{,}3\ \text{mm}}}$

$d_{f2} = d_2 - 2{,}4\,m_n = 48{,}3\ \text{mm} - 2{,}4 \cdot 1\ \text{mm}$

$\underline{\underline{d_{f2} = 45{,}9\ \text{mm}}}$

Das wirkliche *Übersetzungsverhältnis* ist dann

$$i = \frac{37}{4}$$

$\underline{\underline{i = 9{,}25}}$

Berechnung des Achsabstandes

$$a = \frac{d_1 + d_2}{2} = \frac{5{,}22\ \text{mm} + 48{,}3\ \text{mm}}{2}$$

$\underline{a = 26{,}76\ \text{mm}}$

$$\tan\alpha_t = \frac{\tan\alpha_n}{\cos\beta} = \frac{\tan 20°}{\cos 40°} = 0{,}475$$

$\underline{\alpha_t = 25{,}4°}$

$$\text{ev}\,\alpha_{tw} = 2\,\frac{x_1 + x_2}{z_1 + z_2}\tan\alpha_n + \text{ev}\,\alpha_t$$

$$\text{ev}\,\alpha_{tw} = 2 \cdot \frac{0{,}5 + 0}{4 + 37}\tan 20° + \text{ev}\,25{,}4°$$

$\text{ev}\,\alpha_{tw} = 0{,}008877 + 0{,}03152 = 0{,}040397$

$\underline{\alpha_{tw} = 27{,}45°}$

$$a_v = a\,\frac{\cos\alpha_t}{\cos\alpha_{tw}}$$

$$a_v = 26{,}76\ \text{mm} \cdot \frac{\cos 25{,}4°}{\cos 27{,}45°}$$

$\underline{\underline{a_v = 27{,}24\ \text{mm}}}$

Bestimmung der Zahnradbreiten

Für das Ritzel wird für ein schnellaufendes Getriebe bei $i = 9{,}25$

$b_1 = \psi_d\, d_1 = 1{,}9 \cdot 5{,}22$

$\underline{\underline{b_1 = 9{,}918\ \text{mm}}}$

Bei der Berechnung mit dem Modulbreitenverhältnis ergibt sich

$\underline{\underline{b_1 = 15 \cdot 1\ \text{mm} = 15\ \text{mm}}}$

Gewählt: für das Ritzel: $b_1 = 15$ mm
für das Großrad: $b_2 = 10$ mm

Bestimmung der Zahnradwerkstoffe

Zur Bestimmung der Zahnradwerkstoffe müssen zunächst einige andere Werte ermittelt werden.

Ermittlung der Profilüberdeckung

Nach DIN 3990 Blatt 7 ermittelt sich die Profilüberdeckung aus folgenden Werten:

$d_{b1} = d_1 \cos\alpha_t = 5{,}22 \text{ mm} \cdot \cos 25{,}4°$

$\underline{\underline{d_{b1} = 4{,}715 \text{ mm}}}$

$d_{b2} = d_2 \cos\alpha_t = 48{,}3 \text{ mm} \cdot \cos 25{,}4°$

$\underline{\underline{d_{b2} = 43{,}631 \text{ mm}}}$

Damit wird:

$$D_1 = \frac{d_{a1}}{d_{b1}} = \frac{8{,}22 \text{ mm}}{4{,}715 \text{ mm}}$$

$\underline{\underline{D_1 = 1{,}743}}$ mit N = ∞ und $\tan\alpha_{E1} \approx 1{,}5$ (geschätzt durch Verlängerung)

$$D_2 = \frac{d_{a2}}{d_{b2}} = \frac{50{,}3 \text{ mm}}{43{,}631 \text{ mm}}$$

$\underline{\underline{D_2 = 1{,}1529}}$ mit N = ∞ und $\tan\alpha_{A2} = 0{,}578$

Mit Gleichung (8) aus DIN 3990 Blatt 7 ergibt sich:

$$\tan\alpha_{A1} = \tan\alpha_{tw}\,(1 + u) - u \tan\alpha_{A2} = \tan 27{,}45° \cdot (1 + 9{,}25) - 9{,}25 \cdot 0{,}578$$

$\underline{\underline{\tan\alpha_{A1} = -0{,}022}}$

Nach Gleichung (7) aus DIN 3990 Blatt 7 wird dann die Profilüberdeckung

$$\epsilon_\alpha = \frac{z_1}{2\pi}\,(\tan\alpha_{E1} - \tan\alpha_{A1}) = \frac{4}{2\pi} \cdot (1{,}5 + 0{,}022)$$

$\underline{\underline{\epsilon_\alpha = 0{,}969}}$

Bestimmung der Verzahnungsqualität

$$v_u = d_1 \pi n_1 = 0{,}00522 \text{ m} \cdot \pi \cdot \frac{26000}{60 \text{ s}}$$

$\underline{\underline{v_u = 7{,}1 \text{ m/s}}}$

Aus der Umfangsgeschwindigkeit und den Anforderungen wird
gewählt: Verzahnungsqualität 6.

Bestimmung des Stirnlastverteilungsfaktors

Der Stirnlastverteilungsfaktor $K_{F\alpha}$ wird in Abhängigkeit vom Hilfsfaktor q_L und von der Nennumfangskraft F_t im Teilkreis ermittelt.

$$F_t = \frac{2\,M_{tn}}{d_1} = \frac{2 \cdot 86\ \text{Nmm}}{5{,}22\ \text{mm}}$$

$$\underline{\underline{F_t = 33\ \text{N}}}$$

$$M_{tn} = 9550\,\frac{P}{n_1}$$

$$M_{tn} = 9550 \cdot \frac{0{,}235}{26000}$$

$$\underline{M_{tn} = 0{,}086\ \text{Nm}}$$

$$\underline{\underline{\frac{F_t}{b} = \frac{33\ \text{N}}{10\ \text{mm}} = 3{,}3\ \text{N/mm}}}$$

Aus dem Diagramm in DIN 3990 Blatt 4 wird $q_L > 1$ und ist dann für die weitere Berechnung mit $q_L = 1$ zu setzen.

Mit $q_L = 1$ und $\epsilon_\alpha = 0{,}976$ ergibt sich aus dem Diagramm in DIN 3990 Blatt 4 $K_{F\alpha} = 1$.

Für die übrigen Werte gelten die Aussagen in den Hinweisen zur Zahnradberechnung.

Aus dem Diagramm DIN 3990 Blatt 2 wird

$Y_{F1} = 2{,}67$ und $Y_{F2} = 2{,}25$

Der Lastverteilungsfaktor $Y_\epsilon = \frac{1}{\epsilon_\alpha} = \frac{1}{0{,}976} = 1{,}025$

Der *Schrägungswinkelfaktor* Y_β nach DIN 3990 Blatt 10 ist für $\beta = 40°$ $Y_\beta = 0{,}75$.

Damit errechnen sich die *Zahnfußspannungen* unter Berücksichtigung der Hinweise zu den Zahnradberechnungen (siehe Anhang) zu:

$$\sigma_{F\,lim} \geqslant \frac{F_{t\,max}}{b\,m_n}\,Y_F\,Y_\epsilon\,Y_\beta\,S_{F\,min}$$

$$F_{t\,max} = c_{SB}\,F_t$$

$$F_{t\,max} = 5 \cdot 33\ \text{N}$$

$$\underline{F_{t\,max} = 165\ \text{N}}$$

$$\sigma_{F\,lim\,1} \geqslant \frac{165\ \text{N}}{15\ \text{mm} \cdot 1\ \text{mm}} \cdot 2{,}67 \cdot 1{,}025 \cdot 0{,}75 \cdot 2$$

$$\underline{\underline{\sigma_{F\,lim\,1} \geqslant 45{,}16\ \text{N/mm}^2}}$$

$$\sigma_{F\,lim\,2} \geqslant \frac{165\ \text{N}}{10\ \text{mm} \cdot 1\ \text{mm}} \cdot 2{,}25 \cdot 1{,}025 \cdot 0{,}75 \cdot 2$$

$$\underline{\underline{\sigma_{F\,lim\,2} \geqslant 57{,}08\ \text{N/mm}^2}}$$

Für die Berechnung der *Flankentragfähigkeit* ist zunächst die *Sprungüberdeckung* nach DIN 3990 Blatt 3 zu ermitteln.

$$\epsilon_\beta = \frac{b \sin\beta}{m_n \pi} = \frac{10\ \text{mm} \cdot \sin 40°}{1\ \text{mm} \cdot \pi} = 2{,}046$$ ($b = 10$ mm als Eingriffsbreite gewählt)

Mit $\epsilon_\beta = 2{,}046$, $\epsilon_\alpha = 0{,}976$ und $\beta_b = 37{,}16°$ errechnet sich Z_ϵ nach Gleichung (3) DIN 3990 Blatt 8 zu:

$$Z_\epsilon = \sqrt{\frac{1}{\epsilon_\alpha} \cos\beta_b} = \sqrt{\frac{1}{0{,}976} \cos 37{,}16°} = 0{,}9$$

Mit $q_L = 1$ und $Z_\epsilon = 0{,}9$ wird nach Diagramm in DIN 3990 Blatt 4 der Stirnlastverteilungsfaktor $K_{H\alpha} = 1{,}23$.

Der *Flankenformfaktor* errechnet sich nach DIN 3990 Blatt 5 aus Gleichung (1) zu:

$$Z_H = \frac{1}{\cos\alpha_t}\sqrt{\frac{\cos\beta_b}{\tan\alpha_{tw}}} = \frac{1}{\cos 25{,}4°}\sqrt{\frac{\cos 37{,}16°}{\tan 27{,}45°}} = 1{,}37$$

Der *Materialfaktor* ist für eine Stahl–Stahl-Kombination $Z_M = 270\sqrt{\text{N/mm}^2}$.

Damit errechnet sich die *Hertsche Flächenpressung* im Wälzpunkt C unter Berücksichtigung der Hinweise zu den Zahnradberechnungen (siehe Anhang):

$$\sigma_H = \sqrt{\frac{F_{tH}\,K_{H\alpha}}{b\,d_1}\cdot\frac{u+1}{u}}\,Z_H\,Z_M\,Z_\epsilon$$

$$\sigma_H = \sqrt{\frac{52{,}8\cdot 1{,}23}{10\cdot 5{,}22}\cdot\frac{9{,}25+1}{9{,}25}}\cdot 1{,}37\cdot 270\cdot 0{,}9\ \text{N/mm}^2$$

$$\underline{\underline{\sigma_H = 390{,}87\ \text{N/mm}^2}}$$

Da die Ersatzzähnezahl für das Ritzel $z_{n1} = 8{,}22 < 20$ ist, muß die Hertzsche Pressung im inneren Eingriffspunkt B berechnet werden.
Nach DIN 3990 Blatt 1 Gleichung (19) wird:

$$\sigma_{HB} = \sigma_H\,Z_B$$

Z_B berechnet sich nach DIN 3990 Blatt 7 zu:

$$Z_B = \frac{\tan\alpha_{tw}\,\cos\beta}{\sqrt{\tan\alpha_{B1}\,\tan\alpha_{B2}}}$$

$$Z_B = \frac{\tan 27{,}45°\cdot\cos 40°}{\sqrt{0{,}26795\cdot 0{,}41198}}$$

$$\underline{\underline{Z_B = 1{,}1977}}$$

$\tan\alpha_{B1}$ wird in Abhängigkeit von $N_1 = z_{n1} = 8{,}22$ und

$$D_1 = \sin^2\beta\,\cos\alpha_n + \cos\beta_b\,\cos\beta\,\frac{d_{a1}}{d_{b1}}$$

$$D_1 = \sin^2 40°\cdot\cos 20° + \cos 37{,}16°\cdot\cos 40°\cdot\frac{8{,}22}{4{,}715}$$

$$\underline{D_1 = 1{,}4526}$$

dem Diagramm in DIN 3990 Blatt 7 entnommen.

$\tan\alpha_{B1} = 0{,}26795$ (geschätzt durch Verlängerung)

dann wird:

$$\tan\alpha_{B2} = \tan\alpha_{tw}\,\cos\beta\left(\frac{u+1}{u}\right) - \frac{1}{u}\tan\alpha_{B1}$$

$$\tan\alpha_{B2} = \tan 27{,}45°\cdot\cos 40°\cdot\left(\frac{9{,}25+1}{9{,}25}\right) - \frac{1}{9{,}25}\tan 15°$$

$$\underline{\tan\alpha_{B2} = 0{,}41198}$$

Dann wird: $\sigma_{HB} = 390{,}87\ \text{N/mm}^2 \cdot 1{,}196 = 467{,}5\ \text{N/mm}^2$

$$\sigma_{H\,lim} = \sigma_{HB}\,\frac{S_{H\,min}}{K_L}$$

$K_L = 0{,}7$ wegen ungünstiger Schmierung

$$\sigma_{H\,lim} = 467{,}5\ \text{N/mm}^2 \cdot \frac{1{,}5}{0{,}7}$$

$$\underline{\underline{\sigma_{H\,lim} = 1001{,}7\ \text{N/mm}^2}}$$

Wahl der Zahnradwerkstoffe

Obwohl es sich bei einer Handbohrmaschine, die vorwiegend für Heimwerker gedacht ist, um ein Zeitgetriebe handelt, soll doch mit Werkstoffen hoher Qualität gearbeitet werden.

Gewählt: Für das Ritzel und für das Großrad C 15 einsatzgehärtet.

$$\sigma_{F\,lim} = 230\ \text{N/mm}^2 > \sigma_{F\,lim} = 57{,}08\ \text{N/mm}^2$$
$$\sigma_{H\,lim} = 1600\ \text{N/mm}^2 > \sigma_{H\,lim} = 1001{,}7\ \text{N/mm}^2$$

Nachrechnung der Welle an der kritischen Stelle

Als kritische Stelle wird der Übergang vom Zahnprofil zur Vollwelle betrachtet.

Für die Ausführungsform in Bild 8.3 gilt dann die folgende Rechnung.

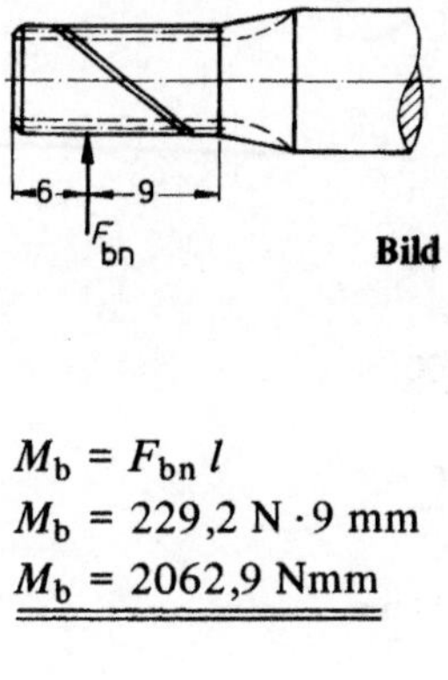

Bild 8.3

$$M_b = F_{bn}\, l$$
$$M_b = 229{,}2\ \text{N} \cdot 9\ \text{mm}$$
$$\underline{\underline{M_b = 2062{,}9\ \text{Nmm}}}$$

Nach DIN 3990 Blatt 1 Gleichung (7) wird

$$F_{bn} = \frac{F_{t\,max}}{\cos\alpha_n\,\cos\beta} = \frac{165\ \text{N}}{\cos 20° \cdot \cos 40°}$$

$$\underline{F_{bn} = 229{,}2\ \text{N}}$$

$$\sigma_v = \sqrt{\sigma_b^2 + 3\,(\alpha_0\,\tau_t)^2}$$
$$\sigma_v = \sqrt{145^2 + 3 \cdot (0{,}7 \cdot 15{,}19)^2}\ \text{N/mm}^2$$
$$\underline{\underline{\sigma_v = 146{,}2\ \text{N/mm}^2}}$$

für $d_1 = 5{,}22$ mm wird

$$\sigma_b = \frac{M_b}{W} \approx \frac{M_b}{0{,}1\,d_1^3} = \frac{2062{,}9\ \text{N}}{0{,}1 \cdot 5{,}22^3\ \text{mm}^3}$$

$$\underline{\sigma_b = 145\ \text{N/mm}^2}$$

$$\tau_t = \frac{M_t}{W_p} \approx \frac{432\ \text{Nmm}}{0{,}2 \cdot 5{,}22^3\ \text{mm}^3}$$

$$\underline{\tau_t = 15{,}19\ \text{N/mm}^2}$$

$$\sigma_{b\,zul} = \frac{\sigma_D\, b_1\, b_2}{\nu\, \beta_k}$$

$$\sigma_{b\,zul} = \frac{300\ \text{N/mm}^2 \cdot 0{,}81 \cdot 1}{1{,}25 \cdot 2{,}5}$$

$$\sigma_{b\,zul} = 77{,}76\ \text{N/mm}^2$$

$$\sigma_v > \sigma_{b\,zul}$$

$\sigma_D = 300\ \text{N/mm}^2$ für C 15

$b_1 = 0{,}81$ (für $\sigma_B = 800\ \text{N/mm}^2$ und $R_t = 6\ \mu\text{m}$)

$b_2 = 1$

$\nu = 1{,}25$

$\beta_k = 2{,}5$ (für Verzahnung)

Neuwahl des Ritzelwerkstoffes

$$\sigma_{b\,erf} = \frac{\sigma_v\, \nu\, \beta_k}{b_1\, b_2} = \frac{146{,}2\ \text{N/mm}^2 \cdot 1{,}25 \cdot 2{,}5}{0{,}8 \cdot 1}$$

$$\sigma_{b\,erf} = 571\ \text{N/mm}^2$$

neu gewählt: Ritzelwerkstoff 20MnCr5 einsatzgehärtet

$$\sigma_b = 600\ \text{N/mm}^2 > \sigma_{b\,erf} = 571\ \text{N/mm}^2$$
$$\sigma_{F\,lim} = 480\ \text{N/mm}^2 > \sigma_{F\,lim} = 45{,}16\ \text{N/mm}^2$$
$$\sigma_{H\,lim} = 1630\ \text{N/mm}^2 > \sigma_{H\,lim} = 1001{,}7\ \text{N/mm}^2$$

8.3.5 Berechnung für die Verschieberadstufe

Vorbestimmung des Wellendurchmessers

$$d_2 = c_1 \sqrt[3]{M_{t\,max\,2}}$$

$$d_2 = 6{,}3 \cdot \sqrt[3]{4}\ \text{mm}$$

$$d_2 = 10\ \text{mm}$$

$c_1 = 6{,}3$ (gewählt)

$$M_{t\,max\,2} = c_{SB} \cdot 9500 \frac{P}{n_2}$$

$$M_{t\,max\,2} = 5 \cdot 9550 \cdot \frac{0{,}235}{2811}$$

$M_{t\,max\,2} = 4\ \text{Nm}$

$$n_2 = \frac{26000}{i}$$

$$n_2 = \frac{= 26000}{9{,}25}$$

n_2 2811 1/min

$$d_3 = c_1 \sqrt[3]{M_{t\,max\,3}}$$

$$d_3 = 6{,}3 \cdot \sqrt[3]{11{,}22}$$

$$d_3 = 14{,}1\ \text{mm}$$

$c_1 = 6{,}3$ (gewählt)

$$M_{t\,max\,3} = c_{SB} \cdot 9550 \frac{P}{n_{min}} = 5 \cdot 9550 \cdot \frac{0{,}235}{1000}$$

$M_{t\,max\,3} = 11{,}22\ \text{Nm}$

Gewählt: $d_2 = 10$ mm (siehe hierzu Lösung 8.3.7)
$d_3 = 16$ mm Ausführung als Keilwelle, da die Räder verschoben werden müssen.
Es wird das genormte Keilwellenprofil B 6 × 13 × 16 DIN 5463 verwendet.

Bestimmung der Passungen für die Keilwelle

Die Nabe soll auf der Welle mit Innenzentrierung hergestellt werden.

Es erhält:

die Nabe den Durchmesser d_1 = 13 mm H7
die Welle den Durchmesser d_1 = 13 mm f7
die Nabe den Durchmesser d_2 = 16 mm H11
die Welle den Durchmesser d_2 = 16 mm a11
die Nabe die Keilnutenbreite b = 3,5 mm F10
die Welle die Keilnutenbreite b = 3,5 mm e8

Wahl der Zahnradabmessungen

Bei einer Ausführung als Ritzelwelle muß
$d_3 \geqslant 1{,}25$ mal Wellendurchmesser = 1,25 · 10 mm = 12,5 mm sein.

Um Profilverschiebungen im Bereich des Verschieberadgetriebes zu vermeiden, und um keine zu kleine Verzahnung zu erhalten, wird gewählt: $z_3 = 15$ Zähne und $m_n = 1{,}25$ mm.

Dann ist

$$z_4 = z_3 i_{2,1} = 15 \cdot 2{,}8$$
$$\underline{\underline{z_4 = 42}}$$

$$d_5 = \frac{2a}{i_{2,2}+1} = \frac{(z_3+z_4)m}{1{,}12+1} = \frac{(15+42)\cdot 1{,}25\ \text{mm}}{1{,}12+1}$$
$$\underline{\underline{d_5 = 33{,}6\ \text{mm}}}$$

$$z_5 = \frac{d_5}{m} = \frac{33{,}6\ \text{mm}}{1{,}25\ \text{mm}}$$
$$\underline{\underline{z_5 \approx 27}}$$

$$z_6 = z_5 i_{2,2} = 27 \cdot 1{,}12$$
$$\underline{\underline{z_6 = 30}}$$

Damit wird

$$i_{2,2} = \frac{30}{27}$$
$$\underline{\underline{i_{2,2} = 1{,}11}}$$

$$a = \frac{(z_3+z_4)m}{2} = \frac{(z_5+z_6)m}{2}$$
$$a = \frac{(15+42)\cdot 1{,}25\ \text{mm}}{2} = \frac{(27+30)\cdot 1{,}25\ \text{mm})}{2}$$
$$\underline{\underline{a = 35{,}625\ \text{mm}}}$$

Mit den gewählten Zähnezahlen ergeben sich die *endgültigen Drehzahlen*.

$$n_{3,1} = \frac{n_1 z_1 z_3}{z_2 z_4} = \frac{26000\ \text{1/min} \cdot 4 \cdot 15}{37 \cdot 42}$$
$$\underline{\underline{n_{3,1} = 1003{,}86\ \text{1/min}\ (+\,0{,}386\ \%)}}$$

$$n_{3,2} = \frac{n_1 z_1 z_5}{z_2 z_6} = \frac{26000\ \text{1/min} \cdot 4 \cdot 27}{37 \cdot 30}$$
$$\underline{\underline{n_{3,2} = 2529{,}73\ \text{1/min}\ (+\,1{,}19\ \%)}}$$

Die Abweichungen von den geforderten Drehzahlen liegen selbst in der für Werkzeugmaschinen zulässigen Toleranz von ± 2 % nach DIN 803.

Zusammenstellung der Zahnradabmessungen

$\underline{\underline{d_3}} = z_3 m = 15 \cdot 1{,}25\ \text{mm} = \underline{\underline{18{,}75\ \text{mm}}} > 12{,}5\ \text{mm}$

$\underline{\underline{d_4}} = z_4 m = 42 \cdot 1{,}25\ \text{mm} = \underline{\underline{52{,}5\ \text{mm}}} > 2 \cdot 16\ \text{mm} = 32\ \text{mm}$

$\underline{\underline{d_5}} = z_5 m = 27 \cdot 1{,}25\ \text{mm} = \underline{\underline{33{,}75\ \text{mm}}} > 2 \cdot 10\ \text{mm} = 20\ \text{mm}$

$\underline{\underline{d_6}} = z_6 m = 30 \cdot 1{,}25\ \text{mm} = \underline{\underline{37{,}5\ \text{mm}}} > 2 \cdot 16\ \text{mm} = 32\ \text{mm}$

$\underline{\underline{d_{a3}}} = d_3 + 2\,m = 18{,}75\ \text{mm} + 2{,}5\ \text{mm} = \underline{\underline{21{,}25\ \text{mm}}}$

$\underline{\underline{d_{a4}}} = d_4 + 2\,m = 52{,}5\ \text{mm} + 2{,}5\ \text{mm} = \underline{\underline{55\ \text{mm}}}$

$\underline{\underline{d_{a5}}} = d_5 + 2\,m = 33{,}75\ \text{mm} + 2{,}5\ \text{mm} = \underline{\underline{36{,}25\ \text{mm}}}$

$\underline{\underline{d_{a6}}} = d_6 + 2\,m = 37{,}5\ \text{mm} + 2{,}5\ \text{mm} = \underline{\underline{40\ \text{mm}}}$

$\underline{\underline{d_{f3}}} = d_3 - 2{,}4\,m = 18{,}75\ \text{mm} - 3\ \text{mm} = \underline{\underline{15{,}75\ \text{mm}}}$

$\underline{\underline{d_{f4}}} = d_4 - 2{,}4\,m = 52{,}5\ \text{mm} - 3\ \text{mm} = \underline{\underline{49{,}5\ \text{mm}}}$

$\underline{\underline{d_{f5}}} = d_5 - 2{,}4\,m = 33{,}75\ \text{mm} - 3\ \text{mm} = \underline{\underline{30{,}75\ \text{mm}}}$

$\underline{\underline{d_{f6}}} = d_6 - 2{,}4\,m = 37{,}5\ \text{mm} - 3\ \text{mm} = \underline{\underline{34{,}5\ \text{mm}}}$

Die Breite der Kleinräder und der Großräder wird konstruktiv mit 12 mm festgelegt.

Kontrolle für die Abmessungen

Für die Ausführung nach Bild 8.1 ist zu kontrollieren, ob zwischen Rad 2 und der Welle 3 genügend Spiel vorhanden ist.

$$S_p = a - \frac{d_{a2}}{2} - \frac{d_3}{2} = 35{,}625\ \text{mm} - \frac{50{,}3\ \text{mm}}{2} - \frac{16\ \text{mm}}{2}$$

$$\underline{\underline{S_p = 2{,}475\ \text{mm}}}$$

Die Ausführung nach Bild 8.1 ist also möglich.

Für die Ausführung nach Bild 8.2 wird bei $a_v = 27{,}24$ mm (für die erste Stufe) und $a = 35{,}625$ mm (für die Verschieberadstufe) eine Lösung in einer Ebene nicht ausführbar, die Wellen müßten gegeneinander versetzt werden.

In diesem Buch soll mit einer Ausführung nach Bild 8.1 weitergearbeitet werden.

Mit den vorhandenen Maßen könnte ein erster Entwurf angefertigt werden. Dieser Entwurf liefert zugleich die Maße für die Berechnung der fehlenden Werte und für die Nachrechnung der Bauteile. Um rechnungsmäßig die zweite Stufe abzuschließen, werden zunächst die Zahnradwerkstoffe bestimmt.

Die Verzahnungsqualität wird für alle Räder beibehalten. *Verzahnungsqualität 6.*
Der *Stirnlastverteilungsfaktor* $K_{F\alpha}$ wird $q_L > 1$ und damit ist für die weitere Berechnung Profilüberdeckung ϵ_α bestimmt.

$$F_{t3} = \frac{2\,M_{tn}}{d_3} = \frac{2 \cdot 800\ \text{Nmm}}{18{,}75\ \text{mm}} \qquad \leftarrow M_{tn} = \frac{M_{t\,max}}{c_{SB}} = \frac{4000\ \text{Nmm}}{5}$$

$$\underline{\underline{F_{t3} = 85{,}33\ \text{N}}} \qquad \underline{M_{tn} = 800\ \text{Nmm}}$$

$$\underline{\underline{\frac{F_{t3}}{b} = \frac{85{,}33\ \text{N}}{12\ \text{mm}} = 7{,}11\ \text{N/mm}}}$$

Aus dem Diagramm in DIN 3990 Blatt 4 wird $q_L > 1$ und damit ist für die weitere Berechnung mit $q_L = 1$ zu rechnen. (Der Wert ergibt sich auch für das Radpaar z_5/z_6)

Bestimmung der Profilüberdeckung ϵ_α

$$\underline{\underline{d_b}} = d \cos\alpha_n$$

$$\underline{\underline{d_{b3}}} = 18{,}75\ \text{mm} \cdot \cos 20^\circ = \underline{\underline{17{,}62\ \text{mm}}} \qquad \underline{\underline{d_{b5}}} = 33{,}75\ \text{mm} \cdot \cos 20^\circ = \underline{\underline{31{,}7\ \text{mm}}}$$

$$\underline{\underline{d_{b4}}} = 52{,}5\ \text{mm} \cdot \cos 20^\circ = \underline{\underline{49{,}33\ \text{mm}}} \qquad \underline{\underline{d_{b6}}} = 37{,}5\ \text{mm} \cdot \cos 20^\circ = \underline{\underline{35{,}24\ \text{mm}}}$$

Für $N = \infty$ gilt

$$D_3 = \frac{d_{a3}}{d_{b3}} = \frac{21{,}25\ \text{mm}}{17{,}62\ \text{mm}} = 1{,}206 \longrightarrow \tan\alpha_{E3} = 0{,}675$$

$$D_4 = \frac{d_{a4}}{d_{b4}} = \frac{55\ \text{mm}}{49{,}33\ \text{mm}} = 1{,}115 \longrightarrow \tan\alpha_{A4} = 0{,}498$$

$$D_5 = \frac{d_{a5}}{d_{b5}} = \frac{36{,}25\ \text{mm}}{31{,}7\ \text{mm}} = 1{,}144 \longrightarrow \tan\alpha_{E5} = 0{,}556$$

$$D_6 = \frac{d_{a6}}{d_{b6}} = \frac{40\ \text{mm}}{35{,}24\ \text{mm}} = 1{,}135 \longrightarrow \tan\alpha_{A6} = 0{,}538$$

Aus Gleichung (8) DIN 3990 Blatt 7 wird für

$$\tan\alpha_{A1} = \tan\alpha_{tw}\,(1 + u) - u \tan\alpha_{A2}$$

mit $\alpha_{tw} = \alpha_n = 20^\circ$

$$\tan\alpha_{A3} = 0{,}36397 \cdot (1 + 2{,}8) - 2{,}8 \cdot 0{,}498 = -0{,}0113$$

$$\tan\alpha_{A5} = 0{,}36397 \cdot (1 + 1{,}11) - 1{,}11 \cdot 0{,}538 = 0{,}1708$$

Aus Gleichung (7) DIN 3990 Blatt 7 wird

$$\epsilon_\alpha = \frac{z_1}{2\pi}(\tan\alpha_{E1} - \tan\alpha_{A1})$$

$$\epsilon_{\alpha 3} = \frac{15}{2\pi} \cdot (0{,}675 + 0{,}0113) \qquad \epsilon_{\alpha 5} = \frac{27}{2\pi} \cdot (0{,}556 - 0{,}1708)$$

$$\underline{\underline{\epsilon_{\alpha 3} = 1{,}638}} \qquad \underline{\underline{\epsilon_{\alpha 5} = 1{,}655}}$$

Damit wird der *Stirnlastverteilungsfaktor* für das Radpaar z_3/z_4

$K_{F\alpha 3} = 1{,}62,$

für das Radpaar z_5/z_6

$K_{F\alpha 5} = 1{,}65.$

Nach DIN 3990 Blatt 3 Gleichung (1) ist

$$Y_\epsilon = \frac{1}{\epsilon_\alpha} \qquad \text{für } z_3/z_4 \text{ wird } Y_\epsilon = \frac{1}{1{,}638} \qquad \text{für } z_5/z_6 \text{ wird } Y_\epsilon = \frac{1}{1{,}655}$$

Das Produkt aus $K_{F\alpha}\, Y_\epsilon \approx 1$

$Y_\beta = 1$, da $\beta = 0°$

Unter Berücksichtigung der Hinweise zu den Zahnradberechnungen (siehe Anhang) werden für:

$S_{F\,min} = 2 \qquad b = 12$ mm; $\qquad m = 1{,}25$

$$F_{t\,max\,3} = \frac{2 \cdot 4000\ \text{Nmm}}{18{,}75\ \text{mm}} = 426{,}7\ \text{N} \qquad F_{t\,max\,5} = \frac{2 \cdot 4000\ \text{Nmm}}{33{,}75\ \text{mm}} = 237\ \text{N}$$

und nach DIN 3990 Blatt 2 (Diagramm)

$Y_{F3} = 3{,}25;\quad Y_{F4} = 2{,}42;\quad Y_{F5} = 2{,}66;\quad Y_{F6} = 2{,}6$

die Zahnfußspannungen

$$\sigma_{F\,lim} \geqslant S_{F\,min} \frac{F_{t\,max}}{b\,m} Y_F\, Y_\beta\, K_{F\alpha}\, Y_\epsilon \qquad K_{F\alpha}\, Y_\epsilon \approx 1$$

$$\underline{\underline{\sigma_{F\,lim\,3}}} \geqslant 2 \cdot \frac{426{,}7\ \text{N}}{12\ \text{mm} \cdot 1{,}25\ \text{mm}} \cdot 3{,}25 = \underline{184{,}9\ \text{N/mm}^2}$$

$$\underline{\underline{\sigma_{F\,lim\,4}}} \geqslant 2 \cdot \frac{426{,}7\ \text{N}}{12\ \text{mm} \cdot 1{,}25\ \text{mm}} \cdot 2{,}42 = \underline{137{,}7\ \text{N/mm}^2}$$

$$\underline{\underline{\sigma_{F\,lim\,5}}} \geqslant 2 \cdot \frac{237\ \text{N}}{12\ \text{mm} \cdot 1{,}25\ \text{mm}} \cdot 2{,}66 = \underline{84{,}06\ \text{N/mm}^2}$$

$$\underline{\underline{\sigma_{F\,lim\,6}}} \geqslant 2 \cdot \frac{237\ \text{N}}{12\ \text{mm} \cdot 1{,}25\ \text{mm}} \cdot 2{,}6 = \underline{82{,}16\ \text{N/mm}^2}$$

Berechnung der Flankentragfähigkeit

$$\sigma_{H\,lim} \geqslant S_{H\,min} \cdot \sqrt{\frac{F_{tH}}{b\,d_1} \cdot \frac{u+1}{u} \cdot} \frac{Z_M\, Z_H}{K_L} Z_\epsilon \sqrt{K_{H\alpha}}$$

Bestimmung der Einzelfaktoren

$S_{H\,min} = 1{,}5 \qquad F_{tH} = \dfrac{F_{t\,max}\, c_{SG}}{c_{SB}}$

Für das Radpaar z_3/z_4

$$F_{tH\,3} = \frac{426{,}7\ \text{N} \cdot 1{,}6}{5}$$

$$\underline{\underline{F_{tH\,3} = 136{,}54\ \text{N}}}$$

Für das Radpaar z_5/z_6

$$F_{tH\,5} = \frac{237\ \text{N} \cdot 1{,}6}{5}$$

$$\underline{\underline{F_{tH\,5} = 75{,}84\ \text{N}}}$$

Für Räder aus Stahl wird $Z_M = 270\ \sqrt{\text{N/mm}^2}$

Z_H ist für beide Radpaare 1,76

$K_L = 0{,}7$ wegen der ungünstigen Schmierung

Nach Gleichung (2) DIN 3990 Blatt 8 wird

$$Z_\epsilon = \sqrt{\frac{4 - \epsilon_\alpha}{3}}$$

somit für z_3/z_4

$$Z_\epsilon = \sqrt{\frac{4 - 1{,}638}{3}} = \underline{\underline{0{,}8873}}$$

für z_5/z_6

$$Z_\epsilon = \sqrt{\frac{4 - 1{,}635}{3}} = \underline{\underline{0{,}8841}}$$

Mit diesen Werten ergibt sich aus dem Diagramm in DIN 3990 Blatt 4

$K_{H\alpha 3} = 1{,}22$ und $K_{H\alpha 5} = 1{,}22$

Auch hier ist das Produkt aus $Z_\epsilon \sqrt{K_{H\alpha}} \approx 1$.

Damit wird:

$$\sigma_{H\,lim\,3} = 1{,}5\ \sqrt{\frac{136{,}54}{12 \cdot 18{,}75} \cdot \frac{2{,}8 + 1}{2{,}8} \cdot \frac{270 \cdot 1{,}76}{0{,}7}}\ \text{N/mm}^2$$

$$\underline{\underline{\sigma_{H\,lim\,3} = 905{,}62\ \text{N/mm}^2}}$$

$$\sigma_{H\,lim\,5} = 1{,}5\ \sqrt{\frac{75{,}84}{12 \cdot 33{,}75} \cdot \frac{1{,}11 + 1}{1{,}11} \cdot \frac{270 \cdot 1{,}76}{0{,}7}}\ \text{N/mm}^2$$

$$\underline{\underline{\sigma_{H\,lim\,5} = 595{,}4\ \text{N/mm}^2}}$$

Da die Ritzelzähnezahl am Rad 3 < 20 ist, muß die Hertzsche Pressung im inneren Eingriffspunkt B berechnet werden. Nach DIN 3990 Blatt 1 Gleichung (19) wird

$\sigma_{HB} = \sigma_H\, Z_B$

Nach DIN 3990 Blatt 7 Gleichung (2) wird:

$$Z_B = \frac{\tan\alpha_{tw}\ \cos\beta}{\sqrt{\tan\alpha_{B1}\ \tan\alpha_{B2}}}$$

$$Z_B = \frac{\tan 20^\circ \cdot \cos 0^\circ}{0{,}25 \cdot 0{,}4047}$$

$$\underline{\underline{Z_B = 1{,}144}}$$

Es gilt: $\alpha_{tw} = \alpha_n$; $\beta = 0^\circ$.

$$\tan\alpha_{B2} = \tan\alpha_{tw}\ \cos\beta\left(\frac{u+1}{u}\right) - \frac{1}{u}\tan\alpha_{B1},$$

für $N_1 = z_1 = 15$ Zähne und

$$D_1 = \sin^2\beta\ \cos\alpha_n + \cos\beta_b\ \cos\beta\ \frac{d_{a3}}{d_{b3}}$$

$$D_1 = 0 + 1 \cdot 1{,}206 = 1{,}206$$

wird $\underline{\tan\alpha_{B1} = 0{,}25}$ und damit

$$\tan\alpha_{B2} = \tan 20^\circ \cdot \cos 0^\circ \cdot \left(\frac{2{,}8+1}{2{,}8}\right) - \frac{1}{2{,}8} \cdot 0{,}25$$

$$\underline{\tan\alpha_{B2} = 0{,}4047.}$$

Damit wird

$$\sigma_{HB} = \sigma_H\ Z_B$$

$$\sigma_{HB} = 905{,}62\ \text{N/mm}^2 \cdot 1{,}144$$

$$\underline{\underline{\sigma_{HB} = 1036\ \text{N/mm}^2}}$$

Werkstoffwahl

Für die Kleinräder C15 einsatzgehärtet mit

$\sigma_{F\,lim} = 230\ \text{N/mm}^2 > \sigma_{F\,lim} = \underline{\underline{184{,}9\ \text{N/mm}^2}}$

$\sigma_{H\,lim} = 1600\ \text{N/mm}^2 > \sigma_{H\,lim} = \underline{\underline{1036\ \text{N/mm}^2}}$

Für die Großräder Ck 45 umlaufgehärtet mit

$\sigma_{F\,lim} = 270\ \text{N/mm}^2 > \sigma_{F\,lim} = \underline{\underline{137{,}7\ \text{N/mm}^2}}$

$\sigma_{H\,lim} = 1100\ \text{N/mm}^2 > \sigma_{H\,lim} = \underline{\underline{905{,}62\ \text{N/mm}^2}}$

8.3.6 Entwurf des Getriebes (Bild 8.4)

Der Entwurf wird zunächst als Bleistiftzeichnung angefertigt, um Änderungen, die sich aus der weiteren Rechnung ergeben, vornehmen zu können.

8.3.7 Kontrolle der Zwischenradwelle

Für $d_{f3} = 15{,}75$ mm empfiehlt es sich, um Bearbeitung zu sparen, den Wellendurchmesser $d_2 \approx \frac{d_{f3}}{1{,}1} = \frac{15{,}75\ \text{mm}}{1{,}1} = 14{,}32$ mm anzufertigen.

Gewählt wird $d_2 = 14$ mm.

Damit ist eine Nachrechnung der Zwischenwelle nicht erforderlich, denn überschlägig ergab sich für d_2 ein Wert von 10 mm.

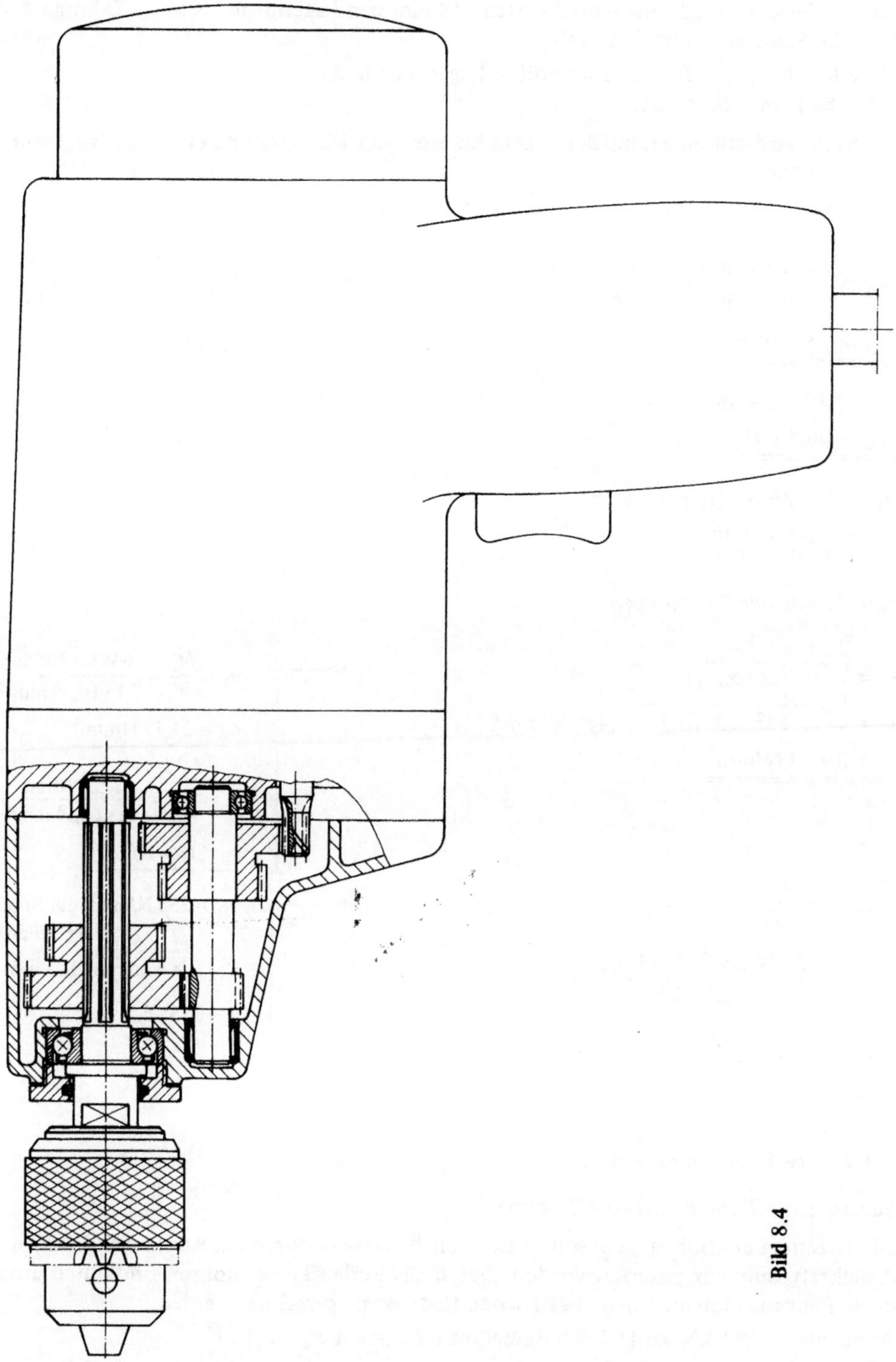

Bild 8.4

8.3.8 Nachrechnung der Verschieberadwelle

Für die Verschieberadwelle wird die Stelle 18 mm von Lagermitte bis Mitte Zahnrad 4 als die kritische Stelle angenommen, weil

- die Kraft $F_{bn\,3} > F_{bn\,5}$, damit größte Lagerkraft in A
- M_t hier am größten ist.

Die Welle wird mit einem mittleren Durchmesser von 14,5 mm und einem β_k-Wert von 2,5 nachgerechnet.

Bestimmung der Auflagerkräfte und des Biegemomentes

$$F_{LA} = \frac{F_{bn\,3}\,67\text{ mm}}{85\text{ mm}} = \frac{454\text{ N}\cdot 67\text{ mm}}{85\text{ mm}}$$

$$\underline{\underline{F_{LA} = 357{,}86\text{ N}}}$$

$$F_{bn\,3} = \frac{F_{t\,max\,3}}{\cos\alpha} = \frac{426{,}7\text{ N}}{\cos 20°}$$

$$\underline{F_{bn\,3} = 454\text{ N}}$$

$$F_{LB} = 454\text{ N} - 357{,}86\text{ N}$$

$$\underline{\underline{F_{LB} = 96{,}14\text{ kN}}}$$

$$M_b = 357{,}86\text{ N}\cdot 18\text{ mm}$$

$$\underline{\underline{M_b = 6441{,}5\text{ Nmm}}}$$

Berechnung der Spannungen

$$\sigma_v = \sqrt{\sigma_b^2 + 3\,(\alpha_0\,\tau_t)^2}$$

$$\sigma_v = \sqrt{21{,}13^2 + 3\cdot(0{,}7\cdot 18{,}4)^2}\text{ N/mm}^2$$

$$\underline{\underline{\sigma_v = 30{,}72\text{ N/mm}^2}}$$

$$\sigma_b = \frac{M_b}{W} = \frac{6441{,}5\text{ Nmm}}{0{,}1\cdot 14{,}5^3\text{ mm}^3}$$

$$\underline{\sigma_b = 21{,}13\text{ N/mm}^2}$$

$$\tau_t = \frac{M_t}{W_p} = \frac{11220\text{ Nmm}}{0{,}2\cdot 14{,}5^3\text{ mm}^3}$$

$$\underline{\tau_t = 18{,}4\text{ N/mm}^2}$$

$$\sigma_{b\,zul} = \frac{\sigma_D\,b_1\,b_2}{\nu\,\beta_k}$$

$$\sigma_{b\,zul} = \frac{260\text{ N/mm}^2\cdot 0{,}93\cdot 0{,}96}{1{,}25\cdot 2{,}5}$$

$$\underline{\underline{\sigma_{b\,zul} = 73{,}5\text{ N/mm}^2}} > \sigma_v = 30{,}72\text{ N/mm}^2$$

$\sigma_D = 260\text{ N/mm}^2$ für St 50 (Wellenwerkst.)

$R_{t\,max} = 4\,\mu\text{m}$ für IT7 $\rightarrow b_1 = 0{,}93$

$\nu = 1{,}25;\ \beta_k = 2{,}5;\ b_2 = 0{,}96$

8.3.9 Berechnung der Wälzlager

Lagerung der Bohrspindel (d = 17 mm)

Die Lagerung der Bohrspindel soll an der Bohrfutterseite durch ein Kugellager erfolgen. Die Axialkraft kann nur geschätzt werden. Durch das Verlaufen des Bohrers und durch unsachgemäße Führung muß mit einer zusätzlichen Radialkraft gerechnet werden.

Annahme: F_a = 1 kN; zusätzliche Radialkraft $F_{rz} = 0{,}1\,F_a = 0{,}1$ kN.

Da die Lager auf *Verschleiß* berechnet werden, gilt für die Berechnung der Betriebsfaktor c_{SG}.

$$F'_{LA} = F_{LA}\frac{c_{SG}}{c_{SB}} = 357{,}86\ \text{N}\cdot\frac{1{,}6}{5} = \underline{114{,}5\ \text{N}}$$

$$F_r = F'_{LA} + F_{rz} = 0{,}1145\ \text{kN} + 0{,}1\ \text{kN} = \underline{0{,}2145\ \text{kN}}$$

$$\frac{F_a}{F_r} = \frac{1\ \text{kN}}{0{,}2145\ \text{kN}} = \underline{4{,}66}$$

Für ein Rillenkugellager ist das Verhältnis zu groß, da es einem Lastwinkel von 77,9° entspricht.

Vorgewählt: Schrägkugellager

Für $\frac{F_a}{F_r} > 1{,}14$ gilt:

$$P = 0{,}35\ F_r + 0{,}57\ F_a = 0{,}35\cdot 0{,}2145\ \text{kN} + 0{,}57\cdot 1\ \text{kN} = \underline{0{,}645\ \text{kN}}$$

Für eine Lebensdauer von üblicherweise 3000 h bis 8000 h (für die Berechnung 8000 h gewählt) ergibt sich bei $n = 1000$ 1/min

$$C = \frac{P f_L}{f_n} = \frac{0{,}645\ \text{kN}\cdot 2{,}52}{0{,}322} = \underline{5{,}09\ \text{kN}}$$

gewählt: Schrägkugellager 7203 B mit $C = 7{,}65$ kN
$D = 40$ mm; $B = 12$ mm

An der anderen Seite soll aus Platzgründen ein Nadellager verwendet werden.

Die größte radiale Lagerkraft in B ergibt sich, wenn das Verschieberad für die größere Drehzahl eingestellt ist.
Dann ist

$$F_{t\,max\,5} = \frac{2\,M_{t\,max\,2}}{d_5} = \frac{2\cdot 4000\ \text{Nmm}}{33{,}75\ \text{mm}} = \underline{237\ \text{N}}.$$

Für die *Verschleißberechnung* wird

$$F'_{t\,max\,5} = F_{t\,max\,5}\frac{c_{SG}}{c_{SB}} = 237\ \text{N}\cdot\frac{1{,}6}{5} = \underline{75{,}84\ \text{N}}, \qquad F'_{bn\,5} = \frac{F'_{t\,max\,5}}{\cos\alpha} = \frac{75{,}84\ \text{N}}{\cos 20^\circ} = \underline{80{,}24\ \text{N}}.$$

Damit

$$F_{LB} = \frac{F'_{bn\,5}\ 58\ \text{mm}}{85\ \text{mm}} = \frac{80{,}24\ \text{N}\cdot 58\ \text{mm}}{85\ \text{mm}} = \underline{54{,}75\ \text{N}}$$

Für $L_h = 8000$ Betriebsstunden und $n = 2530$ 1/min wird

$$\frac{C}{P} = 8{,}38 \quad \text{und damit} \quad C = 8{,}38\ P = 8{,}38\ F_{LB} = 8{,}38\cdot 54{,}75\ \text{N} = \underline{458{,}8\ \text{N}}$$

gewählt: Nadelhülse RHNA 121610 mit $C = 4{,}4$ kN

Wahl der Toleranzen

Für das Schrägkugellager: Welle 17 j6; Bohrung 40 H7

Für die Nadelhülse: Welle 12 h5 (die Welle wird mit HRC 58 bis 64 oberflächengehärtet und geschliffen); Bohrung 16 R6

Lagerung der Zwischenwelle

Für die Bestimmung der Lager müssen zunächst die *Lagerkräfte* ermittelt werden.

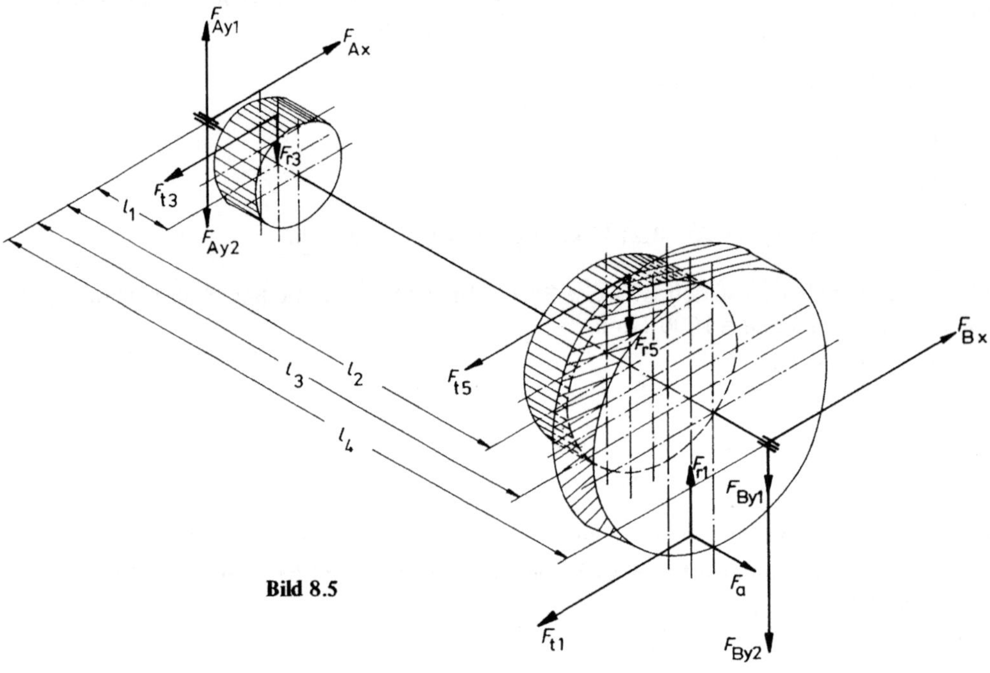

Bild 8.5

Aus dem Entwurf ergeben sich folgende Maße:

$l_1 = 14$ mm; $l_2 = 54$ mm; $l_3 = 68$ mm; $l_4 = 81$ mm.

$$F_{r1} = \frac{F_{t1} \tan \alpha_n}{\cos \beta} = \frac{F_{t1} \tan 20°}{\cos 40°} = \frac{165 \text{ N} \cdot 0{,}364}{0{,}766} = \underline{78{,}4 \text{ N}}$$

$$F_{r3} = F_{t3} \tan \alpha = 426{,}7 \text{ N} \cdot \tan 20° = \underline{155{,}3 \text{ N}}$$

$$F_{r5} = F_{t5} \tan \alpha = 237 \text{ N} \cdot \tan 20° = \underline{86{,}26 \text{ N}}$$

$$F_{a1} = F_{t1} \tan \beta = 165 \text{ N} \cdot \tan 40° = \underline{138{,}45 \text{ N}}$$

Für den Eingriff der Zahnräder bei *Rad 3* gilt:

$$F_{Bx} = \frac{F_{t3} l_1 + F_{t1} l_3}{l_4} = \frac{426{,}7 \text{ N} \cdot 14 \text{ mm} + 165 \text{ N} \cdot 68 \text{ mm}}{81 \text{ mm}} = \underline{212{,}27 \text{ N}}$$

$$F_{By1} = \frac{F_{r1}\, l_3 - F_{r3}\, l_1}{l_4} = \frac{78{,}4\ \mathrm{N} \cdot 68\ \mathrm{mm} - 155{,}3\ \mathrm{N} \cdot 14\ \mathrm{mm}}{81\ \mathrm{mm}} = \underline{38{,}98\ \mathrm{N}}$$

$$F_{By2} = \frac{F_{a1}\, r_2}{l_4} = \frac{138{,}45\ \mathrm{N} \cdot \frac{48{,}3\ \mathrm{mm}}{2}}{81\ \mathrm{mm}} = \underline{41{,}28\ \mathrm{N}}$$

Damit wird die resultierende Lagerkraft in B

$$F_{Br} = \sqrt{F_{Bx}^2 + (F_{By1} + F_{By2})^2}$$

$$F_{Br} = \sqrt{212{,}27^2 + (38{,}98 + 41{,}28)^2}\ \mathrm{N}$$

$$\underline{\underline{F_{Br} = 226{,}94\ \mathrm{N}}}$$

$$F_{Ax} = F_{t3} + F_{t1} - F_{Bx} = 426{,}7\ \mathrm{N} + 165\ \mathrm{N} - 212{,}27\ \mathrm{N} = \underline{380{,}33\ \mathrm{N}}$$

$$F_{Ay1} = F_{r3} - F_{r1} + F_{By1} = 155{,}3\ \mathrm{N} - 78{,}4\ \mathrm{N} + 38{,}98\ \mathrm{N} = \underline{115{,}88\ \mathrm{N}}$$

$$F_{Ay2} = -F_{By2} = \underline{-41{,}28\ \mathrm{N}}$$

Damit wird die resultierende Lagerkraft in A

$$F_{Ar} = \sqrt{F_{Ax}^2 + (F_{Ay1} + F_{Ay2})^2}$$

$$F_{Ar} = \sqrt{380{,}33^2 + (115{,}88 - 41{,}28)^2}\ \mathrm{N}$$

$$\underline{\underline{F_{Ar} = 387{,}58\ \mathrm{N}}}$$

Für den Eingriff der Zahnräder bei *Rad 5* wird:

$$F_{Bx} = \frac{F_{t5}\, l_2 + F_{t1}\, l_3}{l_4} = \frac{237\ \mathrm{N} \cdot 54\ \mathrm{mm} + 165\ \mathrm{N} \cdot 68\ \mathrm{mm}}{81\ \mathrm{mm}} = \underline{296{,}5\ \mathrm{N}}$$

$$F_{By1} = \frac{F_{r1}\, l_3 - F_{r5}\, l_2}{l_4} = \frac{78{,}4\ \mathrm{N} \cdot 68\ \mathrm{mm} - 86{,}26\ \mathrm{N} \cdot 54\ \mathrm{mm}}{81\ \mathrm{mm}} = \underline{8{,}31\ \mathrm{N}}$$

$F_{By2} = \underline{41{,}28\ \mathrm{N}}$ (s. o.)

Damit wird die resultierende Lagerkraft in B:

$$F_{Br} = \sqrt{F_{Bx}^2 + (F_{By1} + F_{By2})^2}$$

$$F_{Br} = \sqrt{296{,}5^2 + (8{,}31 + 41{,}28)^2}\ \mathrm{N}$$

$$\underline{\underline{F_{Br} = 300{,}62\ \mathrm{N}}}$$

$$F_{Ax} = F_{t5} + F_{t1} - F_{Bx} = 237\ \mathrm{N} + 165\ \mathrm{N} - 300{,}62\ \mathrm{N} = \underline{101{,}38\ \mathrm{N}}$$

$$F_{Ay1} = F_{r5} - F_{r1} + F_{By1} = 86{,}26\ \mathrm{N} - 78{,}4\ \mathrm{N} + 8{,}31\ \mathrm{N} = \underline{16{,}17\ \mathrm{N}}$$

Damit wird die resultierende Lagerkraft in A:

$$F_{Ar} = \sqrt{F_{Ax}^2 + (F_{Ay1} + F_{Ay2})^2}$$

$$F_{Ar} = \sqrt{101{,}38^2 + (16{,}17 - 41{,}28)^2}\ \mathrm{N}$$

$$\underline{\underline{F_{Ar} = 104{,}4\ \mathrm{N}}}$$

Aus den ermittelten Lagerkräften ergibt sich eine größte resultierende Lagerbelastung

- für *Lager A* von 387,58 N
- für *Lager B* von 300,62 N.

Bestimmung der Lager

Aus dem Entwurf des Getriebes ist zu erkennen, daß für das *Lager A* aus Platzgründen nur ein Nadellager verwendet werden kann.
Da ein Nadellager nur radiale Kräfte übertragen kann, gilt für die Verschleißberechnung:

$$F'_{Ar} = F_{Ar} \frac{c_{SG}}{c_{SB}} = 387{,}58\ \text{N}\ \frac{1{,}6}{5} = \underline{124\ \text{N}}$$

Für $L_h = 8000$ h und $n = 2800$ 1/min wird

$$\frac{C}{P} = 8{,}68 \quad \text{und daraus} \quad C = P\,8{,}68 = 124\ \text{N} \cdot 8{,}68 = \underline{1076{,}3\ \text{N}}.$$

gewählt: Nadelhülse RHNA 121610 mit $C = 4{,}4$ kN.

Wahl der Toleranzen

Welle: 12 h5 (oberflächengehärtet und geschliffen)
Bohrung: 16 R6

Das Lager an der *Seite B* muß außer der Radialkraft noch die Axialkraft aufnehmen.
Vorgewählt wird ein Rillenkugellager 6001

$$F_r = 300{,}62\ \text{N}\ \frac{c_{SG}}{c_{SB}} = 300{,}62\ \text{N}\ \frac{1{,}6}{5} = \underline{96{,}19\ \text{N}}$$

$$F_a = 138{,}45\ \text{N} \cdot \frac{1{,}6}{5} = \underline{44{,}3\ \text{N}}$$

$$\frac{F_a}{C_0} = \frac{44{,}3\ \text{N}}{2240\ \text{N}} = 0{,}01978 \rightarrow \underline{e \approx 0{,}22}$$

$$\frac{F_a}{F_r} = \frac{44{,}3\ \text{N}}{96{,}19\ \text{N}} = \underline{0{,}46 > e}$$

$$P = X F_r + Y F_a = 0{,}56 \cdot 96{,}19\ \text{N} + 2 \cdot 44{,}3\ \text{N} = 142{,}47\ \text{N}$$

$$C = \frac{P f_L}{f_n} = \frac{142{,}47\ \text{N} \cdot 2{,}52}{0{,}228}$$

$$\underline{\underline{C = 1{,}575\ \text{kN}}} < 3{,}9\ \text{kN} = C \text{ für Lager 6001}$$

Wahl der Toleranzen

Welle: 12 j5
Bohrung: 28 H6

Die *Abdichtung* gegen Eindringen von Staub erfolgt am Austritt der Bohrspindel durch einen Filzring als schleifende Dichtung. Die Lager werden mit *Wälzlagerfett* gefüllt und sind auf Lebensdauer geschmiert.

8.3.10 Berechnung der Preßpassung

Die Räder 1 und 5 werden mit der Zwischenwelle durch eine Preßpassung verbunden. Es wird eine Querpreßpassung 15 H7/s6 gewählt.

Nachrechnung des kleinsten Übermaßes

Für das kleinste Übermaß muß zuerst die *kleinste Fugenpressung* berechnet werden.

$$p_k = \frac{F_{Ru}}{A_F \nu_u} = \frac{\nu_H F_u}{A_F \nu_u}$$

$$p_k = \frac{1{,}5 \cdot 533{,}33\ \text{N}}{1178\ \text{mm}^2 \cdot 0{,}15}$$

$$\underline{\underline{p_k = 4{,}53\ \text{N/mm}^2}}$$

$$F_u = \frac{2 M_{t\,max\,2}}{d_F} = \frac{2 \cdot 4000\ \text{Nmm}}{15\ \text{mm}} = \underline{533{,}33\ \text{N}}$$

$\nu_H = 1{,}5$ (gewählt)

$A_F = d_F\, \pi\, L = 15\ \text{mm} \cdot \pi \cdot 25\ \text{mm} = \underline{1178\ \text{mm}^2}$

$\nu_u = 0{,}15$ (gewählt)

damit wird:

$$Z_k = p_k\, d_F\, (K_A + K_I)\, 10^3$$

$$Z_k = 4{,}53 \cdot 15 \cdot (0{,}035 + 0{,}1) \cdot 10^{-1}$$

$$\underline{\underline{Z_k = 0{,}92\ \mu\text{m}}}$$

$K_I = 0{,}035 \cdot 10^{-4}$ (Vollwelle)

$d_{Aa} = 30$ mm (ungefähr d_{f5})

$$Q_A = \frac{d_F}{d_{Aa}} = \frac{15\ \text{mm}}{30\ \text{mm}}$$

$\underline{Q_A = 0{,}5 \rightarrow K_A = 0{,}1 \cdot 10^{-4}}$

Damit wird das *kleinste erforderliche Übermaß*

$$U_k = Z_k + \Delta U$$

$$U_k = 0{,}92\ \mu\text{m} + 7{,}8\ \mu\text{m}$$

$$\underline{\underline{U_k = 8{,}82\ \mu\text{m}}}$$

$\Delta U = 1{,}2\,(R_{Ai} + R_{Ia})$

$\Delta U = 1{,}2\,(4 + 2{,}5)\ \mu\text{m} = 7{,}8\ \mu\text{m}$

Bohrung: feingerieben

Welle: feingeschliffen

$U_{k\,vorh}$ = Kleinstmaß der Welle – Größtmaß der Bohrung

$U_{k\,vorh} = 15{,}028\ \text{mm} - 15{,}018\ \text{mm} = 10\ \mu\text{m} > U_k = 8{,}82\ \mu\text{m}$

Zur Kontrolle des *größten Übermaßes* wird zunächst die *größte Fugenpressung* ermittelt.

$$p_g = \sigma_{SA}\, \frac{1 - Q_A^2}{1 + Q_A^2}$$

$\sigma_{SA} = 360\ \text{N/mm}^2$ für C 15

$$p_g = 360\ \text{N/mm}^2 \cdot \frac{1 - 0{,}5^2}{1 + 0{,}5^2}$$

$$\underline{\underline{p_g = 216\ \text{N/mm}^2}}$$

Aus der größtmöglichen Fugenpressung ergibt sich das *größtmögliche Übermaß*.

$U_g = Z_g + \Delta U$

$U_g = 43{,}74\ \mu m + 7{,}8\ \mu m$

$U_g = 51{,}54\ \mu m$

$Z_g = p_g d_F (K_A + K_I)\, 10^3$

$Z_g = 216 \cdot 15 \cdot (0{,}035 + 0{,}1) \cdot 10^{-1}$

$Z_g = 43{,}74\ \mu m$

$\Delta U = 7{,}8\ \mu m$ (s. o.)

$U_{g\,vorh}$ = Größtmaß der Welle – Kleinstmaß der Bohrung

$U_{g\,vorh} = 15{,}039\ mm - 15{,}000\ mm = 39\ \mu m < U_g = 51{,}54\ \mu m.$

9 Seilrollenkonsole

9.1 Aufgabenstellung

Das Umladen von Containern soll zur Entlastung der Krananlage durch eine einfache Hubeinrichtung erfolgen, die im Zwischentrakt zweier Hallen an das Ende einer Kranbahn angebracht werden soll. Das Ladegeschirr ist vorhanden; eine Elektro-Montagewinde wird gekauft; die Umlenkrolle ist einschließlich der Befestigung an der Kranbahn in der Betriebsschlosserei herzustellen.

Die Seilrollenkonsole soll an die 20 mm dicke Abschlußplatte der Kranbahn angeschraubt werden. Die Kranschiene liegt auf einem I-Träger I PB 450 DIN 1025–St 37–2. Das Drahtseil wird an der Trommel angeklemmt und am Ladegeschirr mit einer Kausche C . . .
DIN 6899–th Zn befestigt. Die zusätzliche Belastung der Kranbahn wurde genehmigt.

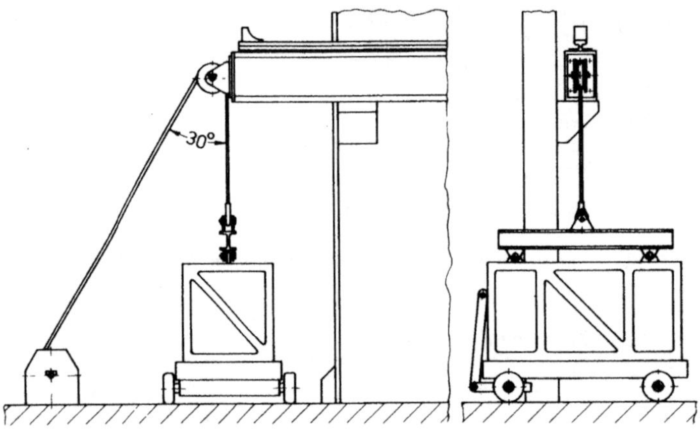

Bild 9.1

Das Drahtseil wird mit F_{max} = 23 kN belastet. Da bei der Berechnung der Zugkraft die Beschleunigungskräfte und das Eigengewicht der zu bewegenden Massen berücksichtigt wurden, entspricht die Zugkraft der „rechnerischen Seilzugkraft S" im Sinne von DIN 15020

Blatt 1. Bei der Berechnung der Konsole kann auf die Stoßzahlen φ und ψ nach DIN 120 verzichtet werden. Da die Belastung relativ oft und nahezu ständig mit der größten Zugkraft F_{max} erfolgt, soll die Bestimmung der zulässigen Spannungen nach den Regeln des Maschinenbaues für Dauerfestigkeitsberechnungen erfolgen. Die mittlere Laufzeit des Drahtseiles beträgt je Tag eine halbe bis eine Stunde.

9.2 Lösungshinweis

Für die Lösung dieser Projektaufgabe gilt das folgende Flußbild:

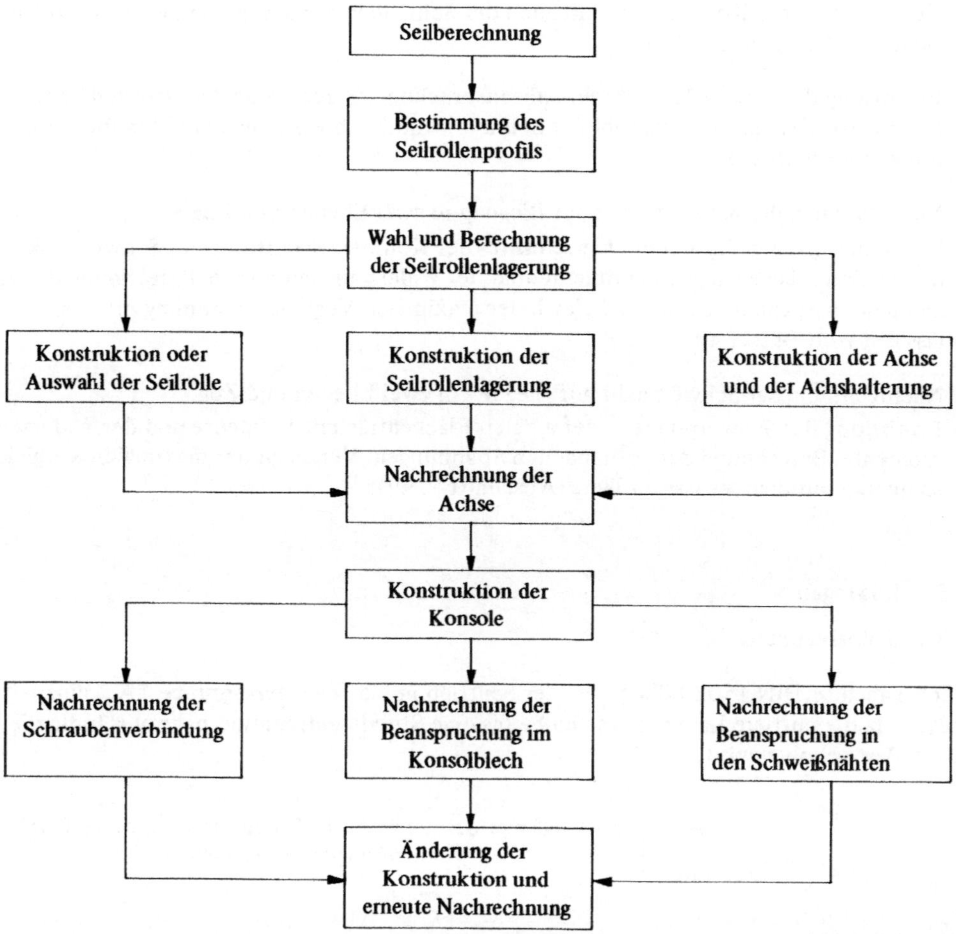

Für den ersten Teil der Lösung sind die Normblätter DIN 15020 Blatt 1, DIN 15061, DIN 15062 und die Drahtseilnormen oder ein entsprechendes Fachbuch erforderlich.

Im einzelnen erfolgt die Lösung der Projektaufgabe in diesem Buch in den folgenden Schritten:

- Berechnung des erforderlichen Seildurchmessers nach DIN 15020 Blatt 1 und Auswahl eines geeigneten Drahtseiles (Abschnitt 9.3.1).

- Berechnung des Seilrollendurchmessers und Festlegung des Rillenprofils nach DIN 15061 (Abschnitt 9.3.2).
- Wahl und Berechnung der Seilrollenlagerung; Auswahl genormter Lagerungselemente (Abschnitt 9.3.3).
- Auswahl der Seilrolle und Konstruktion der Seilrollenlagerung, der Achse und der Achshalterung (Abschnitt 9.3.4).
- Nachrechnung der Achse auf Biegung und Flächenpressung zwischen Achse und Konsolblech (Abschnitt 9.3.5).
- Konstruktion der Konsole einschließlich der Schraubenverbindung und einer Seilablaufsicherung (Abschnitt 9.3.6).
- Ermittlung der maximalen Schraubenbeanspruchung. Berechnung der erforderlichen Montagevorspannkraft. Auswahl der Schraube und Nachrechnung der Schraubenverbindung (Abschnitt 9.3.7).
- Nachrechnung der Konsolbleche auf Biegung in zwei Ebenen und Zug.

  Bestimmung des gefährdeten Querschnittes der Konsole. Ermittlung des Schwerpunktes, der axialen Flächenträgheitsmomente und der Widerstandsmomente. Berechnung der vorhandenden Spannungen und Vergleich der maximalen Vergleichsspannung mit dem zulässigen Wert (Abschnitt 9.3.8).
- Nachrechnung der Schweißnaht auf Biegung in zwei Ebenen und Zug.

  Ermittlung des Schwerpunktes, der axialen Flächenträgheitsmomente und der Widerstandsmomente. Berechnung der vorhandenen Spannungen. Vergleich der maximalen Vergleichsspannung mit dem zulässigen Wert (Abschnitt 9.3.9).

9.3 Lösungen

9.3.1 Seilberechnung

Nach Tabelle 1 DIN 15020 Blatt 1 ist der Seiltrieb in die Triebwerksgruppe 1 A_m einzustufen, da die mittlere Laufzeit eine halbe bis eine Stunde beträgt und nahezu ständig die Höchstlast gehoben wird.

$d_{min} = c\sqrt{S}$ ← $c = 0{,}095\ \text{mm}/\sqrt{\text{N}}$ Für übliche Transporte und drehungsfreie bzw. drehungsarme Drahtseile.

$d_{min} = 0{,}095\sqrt{23000}\ \text{mm}$

$\underline{\underline{d_{min} = 14{,}4\ \text{mm}}}$

gewählt: Seil B 16 x ... DIN 6895–FE–bk 1570 sZ
Kausche C 16 DIN 6899–thZn
Montagewinde Nenngröße 3,2 t DIN 1511 Blatt 2.
Da die Last nicht geführt ist, muß ein drehungsarmes oder drehungsfreies Seil gewählt werden.

9.3.2 Seilrollendurchmesser und Rillenprofil

Der Mindestseilrollendurchmesser, bezogen auf Mitte Seil, wird ebenfalls nach DIN 15020 berechnet.

$D_{min} = h_1 h_2 d_{min}$

$D_{min} = 20 \cdot 1 \cdot 14{,}4$ mm

$D_{min} = 288$ mm

$h_1 = 20$ Für drehungsarme bzw. drehungsfreie Drahtseile der Triebwerksgruppe 1 A_m

$h_2 = 1$ Anzahl der Biegewechsel $w \leqslant 5$

vorgewählt: Seilrolle 8,5 × 315 – . . . DIN 15062 GG 20

$D = D_1 + d = 315 \text{ mm} + 16 \text{ mm} = 331 \text{ mm} > D_{min} = 288$ mm

Durch den größeren Rollendurchmesser vergrößert sich die Aufliegezeit.

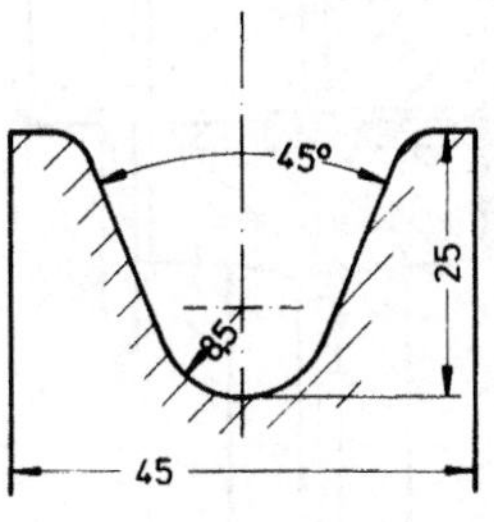

Nach Tabelle 6 DIN 15020 beträgt der Rillenradius $r = 8{,}5$ mm. Das Rillenprofil ist in DIN 15061 festgelegt.

Bild 9.2

9.3.3 Seilrollenlagerung

Da die Schmierstellen der vorhandenen Krananlage regelmäßig mit Fett versorgt werden, wird ein Gleitlager gewählt. Die Lagerung auf Wälzlagern ist teurer.

$$A_{erf} = \frac{F_R}{p_{zul}}$$

$$A_{erf} = \frac{44{,}43 \text{ kN}}{8 \text{ N/mm}^2}$$

$$A_{erf} = 5550 \text{ mm}^2$$

$p_{zul} = 8$ N/mm² für St-50 auf G-CuSnPb

$$F_R = \frac{F \sin 150°}{\sin 15°}$$

$$F_R = \frac{23 \text{ kN} \cdot \sin 150°}{\sin 15°}$$

$$F_R = 44{,}43 \text{ kN}$$

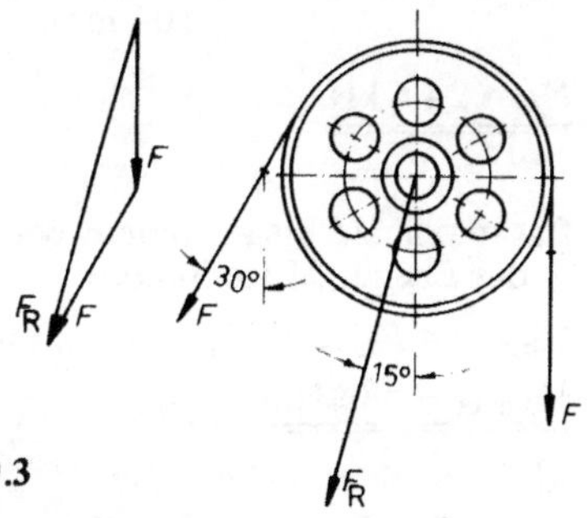

Bild 9.3

gewählt: 2 Buchsen 70 F7 × 82 r6 × 40 DIN 1850 G-CuSnPb

$A = 2\,d\,l = 2 \cdot 70 \text{ mm} \cdot 40 \text{ mm} = 5600 \text{ mm}^2 > A_{erf} = 5550 \text{ mm}^2$

9.3.4 Konstruktion der Seilrolle einschließlich Lagerung und Befestigung

gewählt: Seilrolle 8,5 × 315 – 140 × 82 – 44 × 44 DIN 16062 GG20

Achshalter 8 × 40 × 130 St-37

2 Sechskantschrauben M 16 × 1,5 × 16 DIN 961 – 5.6

Scheibe ∅ 140 × 4 CuZn40Pb

Kugelschmiernippel D8 DIN 3402

Achse ∅ 70 h9 × 145 St-50k

Die Konstruktion ist durch die Festlegung des Rillenprofils in DIN 15061, der Grenzmaße der Nabendurchmesser in DIN 15062 und der Anschlußmaße der gewählten Normteile weitgehend vorbestimmt.

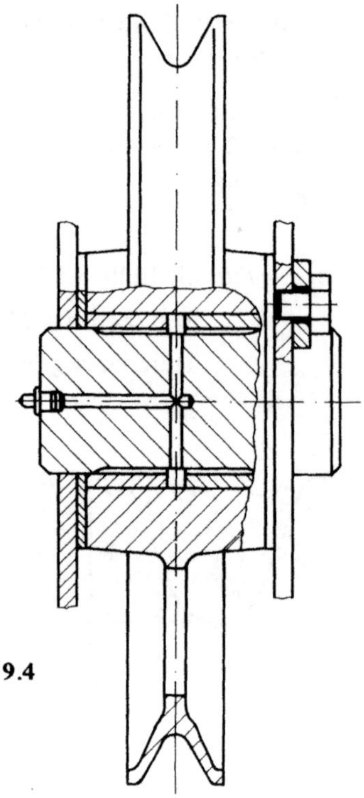

Bild 9.4

9.3.5 Nachrechnung der Achse

Durch die maximal zulässige Seilablenkung von 4° entsteht ein zusätzliches Biegemoment $M_z = F_z h$. Die Höhe h des Angriffpunktes der resultierenden Seilkraft F_R beträgt ≈ 80 mm.

$$F_A = \frac{F_R \frac{l}{2} + F_z h}{l}$$

$$F_z = F_R \sin 4^\circ$$
$$F_z = 44{,}4\ \text{kN} \cdot \sin 4^\circ$$
$$\underline{F_z = 3{,}1\ \text{kN}}$$

$$F_A = \frac{44{,}4\ \text{kN} \cdot 52\ \text{mm} + 3{,}1\ \text{kN} \cdot 80\ \text{mm}}{104\ \text{mm}}$$

$$\underline{\underline{F_A = 24{,}6\ \text{kN}}}$$

Das maximale Biegemoment beträgt in der Ebene „Mitte Buchse“:

$M_{b\,max} = F_A\, l_b = 24{,}6\ \text{kN} \cdot 28\ \text{mm}$

$\underline{\underline{M_{b\,max} = 688\ \text{Nm}}}$

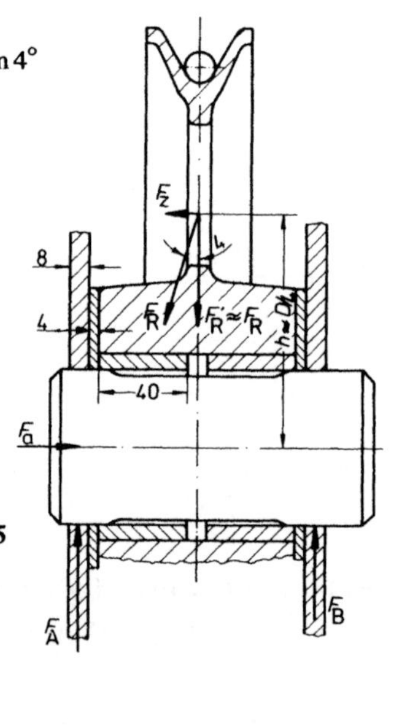

Bild 9.5

Nachrechnung der *Biegebeanspruchung*:

$$\sigma_b = \frac{M_{b\,max}}{W} = \frac{688 \text{ Nm}}{0{,}1 \cdot 70^3 \text{ mm}^3}$$

$$\underline{\underline{\sigma_b = 20 \text{ N/mm}^2}} \ll \sigma_{b\,zul} = 100 \ldots 150 \text{ N/mm}^2$$

Eine genauere Ermittlung der zulässigen Spannung ist nicht erforderlich.

Nachrechnung der *Flächenpressung am Konsolblech*:

$$p = \frac{F_A}{ds} = \frac{24{,}6 \text{ kN}}{70 \text{ mm} \cdot 8 \text{ mm}}$$

$$\underline{\underline{p = 44 \text{ N/mm}^2 < p_{zul} = 70 \text{ N/mm}^2}}, \text{ für St-37, schwellend}$$

9.3.6 Konstruktion der Konsole

Die 8mm-dicken Trag- und Stützbleche werden mit der 12mm-dicken Grundplatte verschweißt. Die Seilablaufsicherung erfolgt durch ein Rohr, welches mit einer Sechskantschraube M12 × 130 DIN 931–5.6 und der Mutter M12 DIN 934–5 mit den Tragblechen verschraubt wird (Bild 9.7).

Die Konsole wird durch eine HV-Verbindung nach DIN 6914 mit der Kranbahn verbunden. Bei der Montage muß das vorgeschriebene Anzugsmoment unbedingt eingehalten werden. Auch muß darauf geachtet werden, daß die Unterlegscheiben in der vorgeschriebenen Lage montiert werden.

9.3.7 Berechnung der Schraubenverbindung

Ermittlung der maximalen Schraubenbeanspruchung

$$F_x = F_R \sin 15° = 44{,}4 \text{ kN} \cdot \sin 15°$$

$$\underline{\underline{F_x = 11{,}5 \text{ kN}}}$$

$$F_y = F_R \cos 15° = 44{,}4 \text{ kN} \cdot \sin 15°$$

$$\underline{\underline{F_y = 43 \text{ kN}}}$$

$$F_z = F_R \sin 4° = 44{,}4 \text{ kN} \cdot \sin 4°$$

$$\underline{\underline{F_z = 3{,}1 \text{ kN}}}$$

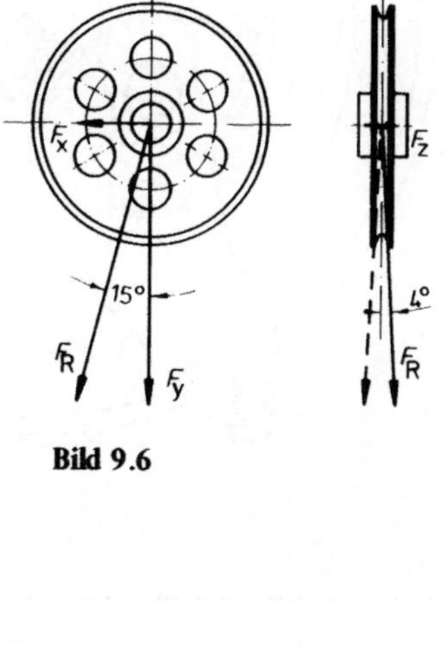

Bild 9.6

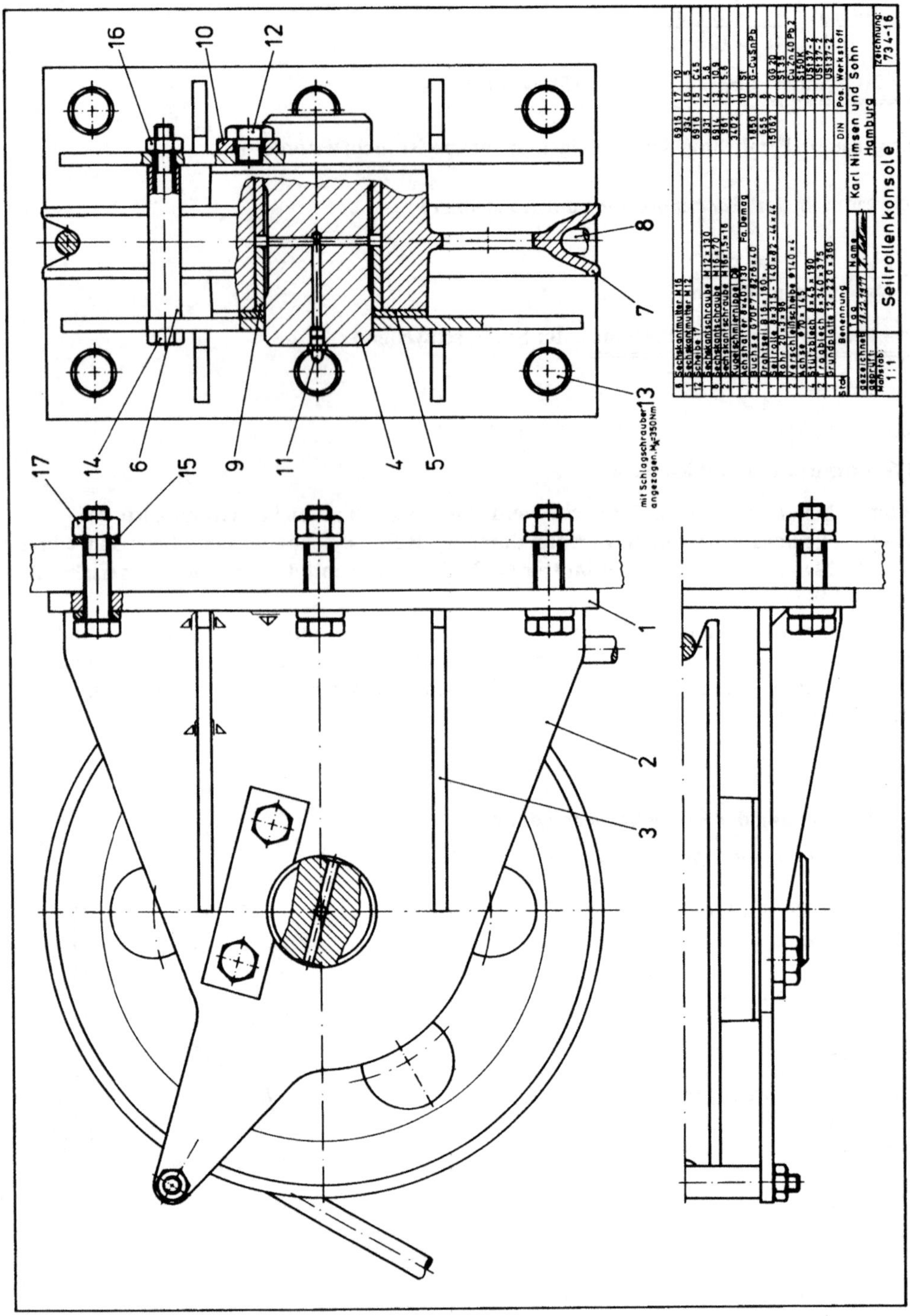

Stck	Benennung	DIN	Pos.	Werkstoff
6	Sechskantmutter M16	6915	17	10
1	Sechskantmutter M12	934	16	5
12	Scheibe 17	6916	15	C45
1	Sechskantschraube M12×130	931	14	5.6
6	Sechskantschraube M16×70	6914	13	10.9
2	Sechskantschraube M16×1,5×16	961	12	5.8
1	Kugelschmiernippel	3402	11	
1	Achshalter 8×40×130 Fa. Demag		10	St
2	Buchse U70F7×82r6×40	1850	9	G-CuSnPb
1	Drahtseil Ø16×160...	655	8	
1	Seilrolle 8×315-140×82-44×44	15062	7	GG 20
1	Rohr 20×3×96		6	St 35
2	Verschleißscheibe Ø140×4		5	CuZn40Pb2
1	Achse Ø70×145		4	St50K
4	Stützblech 8×45×190		3	USt37-2
2	Tragblech 8×340×375		2	USt37-2
1	Grundplatte 12×220×360		1	USt37-2

	Tag	Name	
gezeichnet	11.12.1977		Karl Nimsen und Sohn Hamburg
geprüft			
Maßstab: 1:1	Seilrollenkonsole		Zeichnung: 734-16

Bild 9.7

Zugbeanspruchung F_B

$F_B = F_{Bx} + F_{By} + F_{Bz}$

$F_B = 1{,}92\text{ kN} + 16\text{ kN} + 1{,}52\text{ kN}$

$F_B = 19{,}5\text{ kN}$

$F_{Bx} = \frac{F_x}{n} = \frac{11{,}5\text{ kN}}{6}$

$F_{Bx} = 1{,}92\text{ kN}$

$F_{By} = \frac{F_y l_a}{z} \cdot \frac{l_1}{l_1^2 + l_2^2}$

$F_{By} = \frac{43\text{ kN} \cdot 202\text{ mm}}{2} \cdot \frac{238\text{ mm}}{(238\text{ mm})^2 + (90\text{ mm})^2}$

$F_{By} = 16\text{ kN}$

$F_{Bz} = \frac{F_z l_a}{z' l_1'} = \frac{3{,}1\text{ kN} \cdot 202\text{ mm}}{3 \cdot 137\text{ mm}}$

$F_{Bz} = 1{,}52\text{ kN}$

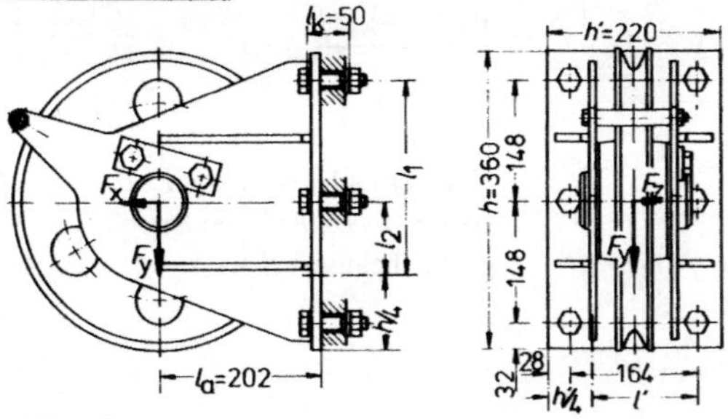

Bild 9.8

Querkraft F_Q

$F_Q = \sqrt{F_y^2 + F_z^2} = \sqrt{(43\text{ kN})^2 + (3{,}1\text{ kN})^2}$

$F_Q = 43{,}1\text{ kN}$

Ermittlung der Montagevorspannkraft $F_{VM\,erf}$

Die Berechnungsmethoden für HV-Verbindungen im Stahlbau sind auf den Sonderfall Querkraft und Zug nicht anwendbar. Deshalb wird die Schraubenverbindung nach den allgemein gültigen Regeln für dynamisch beanspruchte Schraubenverbindungen berechnet. Es kann allerdings bei Stahlbauteilen mit gleitfesten Anstrichen $\mu = 0{,}5$ eingesetzt werden.

$F_{VM\,erf} = k_A\,[k_L F_B (1 - \Phi) + F_{Kl}]$

$F_{VM\,erf} = 1{,}6\,[2 \cdot 19{,}5\text{ kN}\,(1 - 0{,}24) + 21{,}5\text{ kN}]$

$F_{VM\,erf} = 1{,}6\,[29{,}7\text{ kN} + 21{,}5\text{ kN}]$

$F_{VM\,erf} = 82\text{ kN}$

Klemmkraft

$F_{Kl} = \frac{F_Q s_R}{\mu n}$

$F_{Kl} = \frac{43{,}1\text{ kN} \cdot 1{,}5}{0{,}5 \cdot 6}$

$F_{Kl} = 21{,}5\text{ kN}$

Anziehfaktor

$k_A = 1{,}6$

vorgewählt

M16

Lockerungsfaktor

$k_L = 2$ für $l_k/d = 3{,}125$

Kräfteverhältnis

$\Phi = q\Phi' = 0{,}75 \cdot 0{,}32$

$\Phi = 0{,}24$

gewählt: HV-Verbindung
6 Skt-Schraube M16 × 70 DIN 6914–10.9
6 Skt-Mutter M16 DIN 6915–10
12 Unterlegscheibe 17 × 4 DIN 6916–C45

Montagevorspannkraft $F_{VM} = 100\text{ kN}$

Anzugsmoment $M_A = 350\text{ Nm}$

Die leicht geölte Schraube wird mit einem Schlagschrauber angezogen.

Nachrechnung der Schraubenverbindung

Gesamtschraubenkraft

$F_{S\,ges} = F_{VM} + F_{BS}$

$F_{S\,ges} = 100\text{ kN} + 4{,}7\text{ kN}$

$\underline{\underline{F_{S\,ges} = 105\text{ kN}}} < 0{,}9\,F_S = 127\text{ kN}$

$F_{BS} = \Phi F_B = 0{,}24 \cdot 19{,}5\text{ kN} = 4{,}7\text{ kN}$

$F_S = A_S\,\sigma_S = 157\text{ mm}^2 \cdot 900\text{ N/mm}^2$

$\underline{F_S = 141\text{ kN}}$

Maximale Schraubenbeanspruchung

$F_{S\,max} = 0{,}9\,F_S + F_{BS}$

$F_{S\,max} = 127\text{ kN} + 4{,}7\text{ kN}$

$\underline{\underline{F_{S\,max} = 132\text{ kN}}} < F_S = 141\text{ kN}$

(Die Schraube wird beim Anziehen bis zu 90 % der Streckgrenze beansprucht.)

Ausschlagfestigkeit

$$\sigma_a = \frac{F_B\,\Phi}{2\,A_S} = \frac{19{,}5\text{ kN} \cdot 0{,}24}{2 \cdot 157\text{ mm}^2}$$

$$\underline{\underline{\sigma_a = 14{,}9\text{ N/mm}^2}} < \frac{\sigma_A}{\nu} = \frac{60\text{ N/mm}^2}{1{,}25} = 48\text{ N/mm}^2$$

9.3.8 Nachrechnung der Konsolbleche auf Biegung in zwei Ebenen und Zug

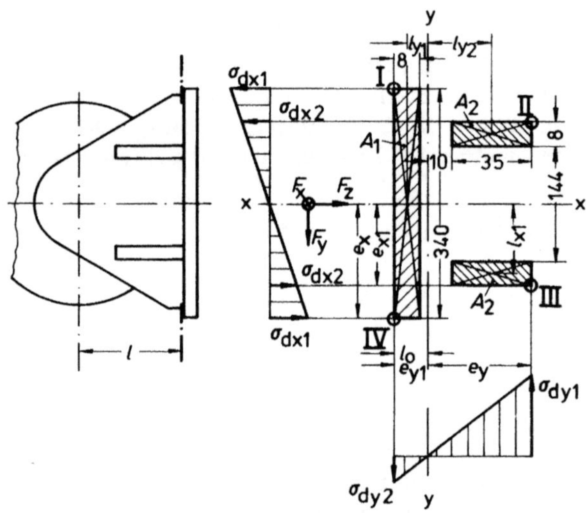

Bild 9.9
Nachrechnung der Bleche

Ermittlung der Schwerlinie $y - y$

$$l_0 = \frac{l_1 A_1 + 2\,l_2 A_2}{A_1 + A_2}$$

$$l_0 = \frac{4\text{ mm} \cdot 2720\text{ mm}^2 + 2 \cdot 35{,}5\text{ mm} \cdot 280\text{ mm}^2}{2720\text{ mm}^2 + 280\text{ mm}^2}$$

$$\underline{\underline{l_0 = 9{,}38\text{ mm}}}$$

$\underline{l_1 = 4\text{ mm}}$

$A_1 = bh = 8\text{ mm} \cdot 340\text{ mm}$

$\underline{A_1 = 2720\text{ mm}^2}$

$\underline{l_2 = 35{,}5\text{ mm}}$

$A_2 = bh = 35\text{ mm} \cdot 8\text{ mm}$

$\underline{A_2 = 280\text{ mm}^2}$

Ermittlung der axialen Flächenträgheitsmomente

$$I_x = I_{x1} + 2\,(I_{x2} + A_1 l_{x1}^2)$$
$$I_x = 26{,}2 \cdot 10^6\ \text{mm}^4 + 2\,(1493\ \text{mm}^4 + 2720\ \text{mm}^2 \cdot 76\ \text{mm}^2)$$
$$\underline{\underline{I_x = 29{,}4 \cdot 10^6\ \text{mm}^4}}$$

$$I_{x1} = \frac{bh^3}{12}$$
$$I_{x1} = \frac{8\ \text{mm} \cdot (340\ \text{mm})^3}{12}$$
$$\underline{I_{x1} = 26{,}2 \cdot 10^6\ \text{mm}^4}$$

$$I_{x2} = \frac{bh^3}{12}$$
$$I_{x2} = \frac{35\ \text{mm} \cdot (8\ \text{mm})^3}{12}$$
$$\underline{I_{x2} = 1493\ \text{mm}^4}$$

$$\underline{l_{x1} = 76\ \text{mm}}$$

$$I_y = I_{y1} + A_1 l_{y1}^2 + 2\,(I_{y2} + A_2 l_{y2}^2)$$
$$I_y = 14{,}5 \cdot 10^3\ \text{mm}^4 + 2720\ \text{mm}^2 \cdot (5{,}38\ \text{mm})^2$$
$$+ 2\,(28{,}58 \cdot 10^3\ \text{mm}^4 + 280\ \text{mm}^2 \cdot 26{,}12^2\ \text{mm}^2)$$
$$\underline{\underline{I_y = 532{,}5 \cdot 10^3\ \text{mm}^4}}$$

$$I_{y1} = \frac{bh^3}{12}$$
$$I_{y1} = \frac{340\ \text{mm} \cdot (8\ \text{mm})^3}{12}$$
$$\underline{I_{y1} = 14{,}5 \cdot 10^3\ \text{mm}^4}$$

$$I_{y2} = \frac{bh^3}{12}$$
$$I_{y2} = \frac{8\ \text{mm} \cdot (35\ \text{mm})^3}{12}$$
$$\underline{I_{y2} = 28{,}58 \cdot 10^3\ \text{mm}^4}$$

$$\underline{l_{y1} = 5{,}38\ \text{mm}}$$

$$\underline{l_{y2} = 26{,}12\ \text{mm}}$$

Ermittlung der axialen Widerstandsmomente

$$W_x = \frac{I_x}{e_x} = \frac{29{,}4 \cdot 10^6\ \text{mm}^4}{170\ \text{mm}}$$
$$\underline{\underline{W_x = 172{,}9 \cdot 10^3\ \text{mm}^3}}$$

$$W_y = \frac{I_y}{e_y} = \frac{532{,}5 \cdot 10^3\ \text{mm}^4}{43{,}62\ \text{mm}}$$
$$\underline{\underline{W_y = 12{,}2 \cdot 10^3\ \text{mm}^3}}$$

Ermittlung der vorhandenen Spannungen

Punkt I

$\sigma_v = \sigma_{bx1} + \sigma_{by2} + \sigma_z$

$\sigma_v = 23{,}6\ \text{N/mm}^2 + 10{,}4\ \text{N/mm}^2 + 1{,}75\ \text{N/mm}^2$

$\sigma_v = 35{,}75\ \text{N/mm}^2$ Zugspannung

$$\sigma_{bx1} = \frac{F_y\, l}{2\, W_x}$$

$$\sigma_{bx1} = \frac{43\ \text{kN} \cdot 190\ \text{mm}}{2 \cdot 172{,}9 \cdot 10^3\ \text{mm}^3}$$

$\sigma_{bx1} = 23{,}6\ \text{N/mm}^2$

Punkt II

$\sigma_v = \sigma_{by1} - \sigma_{bx2} - \sigma_z$

$\sigma_v = 48{,}2\ \text{N/mm}^2 - 11{,}1\ \text{N/mm}^2 - 1{,}75\ \text{N/mm}^2$

$\sigma_v = 35{,}35\ \text{N/mm}^2$ Druckspannung

$$\sigma_{bx2} = \frac{\sigma_{bx1}\, e_{x1}}{e_x}$$

$$\sigma_{bx2} = \frac{23{,}6\ \text{N/mm}^2 \cdot 80\ \text{mm}}{170\ \text{mm}}$$

$\sigma_{bx2} = 11{,}1\ \text{N/mm}^2$

Punkt III

$\sigma_v = \sigma_{bx2} + \sigma_{by1} - \sigma_z$

$\sigma_v = 11{,}1\ \text{N/mm}^2 + 48{,}2\ \text{N/mm}^2 - 1{,}75\ \text{N/mm}^2$

$\sigma_v = 57{,}5\ \text{N/mm}^2$ Druckspannung

$$\sigma_{by1} = \frac{F_z\, l}{W_y}$$ F_z wirkt nur auf eine Seite!

$$\sigma_{by1} = \frac{3{,}1\ \text{kN} \cdot 190\ \text{mm}}{12{,}2 \cdot 10^3\ \text{mm}^3}$$

$\sigma_{by1} = 48{,}2\ \text{N/mm}^2$

Punkt IV

$\sigma_v = \sigma_{bx1} - \sigma_{by2} - \sigma_z$

$\sigma_v = 23{,}6\ \text{N/mm}^2 - 10{,}4\ \text{N/mm}^2 - 1{,}75\ \text{N/mm}^2$

$\sigma_v = 11{,}45\ \text{N/mm}^2$ Druckspannung

$$\sigma_{by2} = \frac{\sigma_{by1}\, e_{y1}}{e_y}$$

$$\sigma_{by2} = \frac{48{,}2\ \text{N/mm}^2 \cdot 9{,}38\ \text{mm}}{43{,}62\ \text{mm}}$$

$\sigma_{by2} = 10{,}4\ \text{N/mm}^2$

$$\sigma_z = \frac{F_x}{2A} = \frac{11{,}5\ \text{kN}}{2 \cdot 3280\ \text{mm}^2}$$

$\sigma_z = 1{,}75\ \text{N/mm}^2$

Ermittlung der zulässigen Spannung

$$\sigma_{b\,zul} = \frac{\sigma_D\, b_1\, b_2}{\nu\, \beta_k}$$

$$\sigma_{b\,zul} = \frac{340\ \text{N/mm}^2 \cdot 0{,}75 \cdot 0{,}7}{1{,}25 \cdot 1{,}2}$$

$\sigma_{b\,zul} = 119\ \text{N/mm}^2$

Dauerfestigkeit $\sigma_D = 340\ \text{N/mm}^2$ für St-37
Oberflächenbeiwert $b_1 = 0{,}75$
Größenbeiwert $b_2 = 0{,}7$
Sicherheit $\nu = 1{,}25$ Mindestwert
Kerbwirkungszahl $\beta_k = 1{,}2$ Mindestwert

Die höchste Vergleichsspannung in Punkt III, $\sigma_v = 57{,}5\ \text{N/mm}^2$, ist deutlich kleiner als die zulässige Spannung. Aus gestalterischen Gründen wird die Konstruktion nicht geändert.

9.3.9 Nachrechnung der Schweißnaht auf Biegung in zwei Ebenen und auf Zug

Ermittlung der Schwerlinie y – y

$$l_0 = \frac{2\,A_1 l_1 + A_2 l_2 + A_3 l_3 + 2\,A_4 l_4 + 2\,A_5 l_5 + 2\,A_6 l_6}{A_1 + A_2 + A_3 + A_4 + A_5 + A_6}$$

Werte eingesetzt in mm bzw. mm²

$$l_0 = \frac{2 \cdot 4 \cdot 16 \cdot 8 + 4 \cdot 340 \cdot 2 + 4 \cdot 340 \cdot 14 + 2 \cdot 4 \cdot 31 \cdot 41{,}5 + 2 \cdot 4 \cdot 31 \cdot 41{,}5 + 2 \cdot 4 \cdot 16 \cdot 59}{64 + 1360 + 1360 + 124 + 124 + 64}$$

$$\underline{\underline{l_0 = 14{,}67\ \text{mm}}}$$

Ermittlung der axialen Flächenträgheitsmomente

$$I_x = I_{x1} + 2\,A_1 l_{x1}^2 + I_{x2} + I_{x3} + I_{x4} + 2\,A_4 l_{x4}^2 + I_{x5} + 2\,A_5 l_{x5}^2 + I_{x6} + 2\,A_6 l_{x6}^2$$

$$I_x = 85 + 2 \cdot 64 \cdot 172^2 + 13{,}1 \cdot 10^6 + 13{,}1 \cdot 10^6 + 165 + 2 \cdot 124 \cdot 70^2 + 165 + 2 \cdot 124 \cdot 82^2 + 1365 + 2 \cdot 64 \cdot 76^2$$

$$\underline{\underline{I_x = 33{,}6 \cdot 10^6\ \text{mm}^4}}$$

$$I_{x1} = \frac{bh^3}{12} = \frac{16\ \text{mm}\,(4\ \text{mm})^3}{12}$$

$$\underline{I_{x1} = 85\ \text{mm}^4}$$

$$I_{x2} = \frac{bh^3}{12} = \frac{4\ \text{mm}\,(340\ \text{mm})^3}{12}$$

$$\underline{I_{x2} = 13{,}1 \cdot 10^6\ \text{mm}^4}$$

$$\underline{I_{x3} = I_{x2} = 13{,}1 \cdot 10^6\ \text{mm}^4}$$

$$I_{x4} = \frac{bh^3}{12} = \frac{3\ \text{mm}\,(4\ \text{mm})^3}{12}$$

$$\underline{I_{x4} = 165\ \text{mm}^4}$$

$$\underline{I_{x5} = I_{x4} = 165\ \text{mm}^4}$$

$$I_{x6} = \frac{bh^3}{12} = \frac{4\ \text{mm}\,(16\ \text{mm})^3}{12}$$

$$\underline{I_{x6} = 1365\ \text{mm}^4}$$

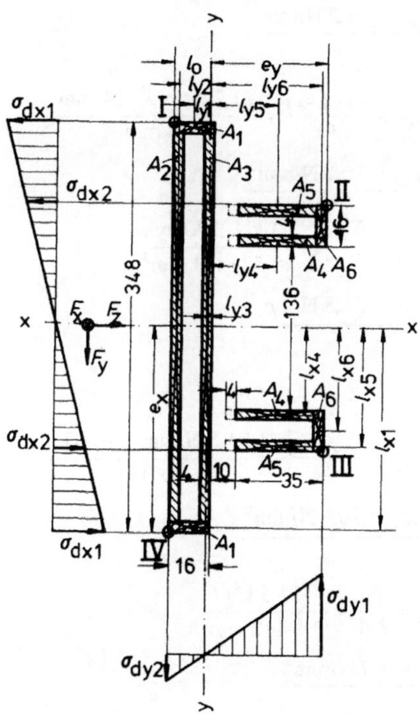

Bild 9.10

$$I_y = I_{y1} + 2A_1 l_{y1}^2 + I_{y2} + A_2 l_{y2}^2 + I_{y3} + A_3 l_{y3}^2 + + I_{y4} + 2A_4 l_{y4}^2 + I_{y5} + 2A_5 l_{y5}^2 + I_{y6} + 2A_6 l_{y6}^2$$

$$I_y = 1365 + 2 \cdot 64 \cdot 6{,}67^2 + 1813 + 1360 \cdot 12{,}67^2 + + 1813 + 1360 \cdot 0{,}67^2 + 9930 + 2 \cdot 124 \cdot 26{,}83^2 + + 9930 + 2 \cdot 124 \cdot 26{,}83^2 + 85 + 2 \cdot 64 \cdot 44{,}33^2$$

$$\underline{\underline{I_y = 858 \cdot 10^3 \text{ mm}^4}}$$

$$I_{y1} = \frac{bh^3}{12} = \frac{4 \text{ mm } (16 \text{ mm})^3}{12}$$

$$\underline{I_{y1} = 1365 \text{ mm}^4}$$

$$I_{y2} = \frac{bh^3}{12} = \frac{340 \text{ mm } (4 \text{ mm})^3}{12}$$

$$\underline{I_{y2} = 1813 \text{ mm}^4}$$

$$\underline{I_{y3} = I_{y2} = 1813 \text{ mm}^4}$$

$$I_{y4} = \frac{bh^3}{12} = \frac{4 \text{ mm } (31 \text{ mm})^3}{12}$$

$$\underline{I_{y4} = 9930 \text{ mm}^4}$$

$$\underline{I_{y5} = I_{y4} = 9930 \text{ mm}^4}$$

$$I_{y6} = \frac{bh^3}{12} = \frac{16 \text{ mm } (4 \text{ mm})^3}{12}$$

$$\underline{I_{y6} = 85 \text{ mm}^4}$$

Ermittlung der axialen Widerstandsmomente

$$W_x = \frac{I_x}{e_x} = \frac{33{,}6 \cdot 10^6 \text{ mm}^4}{174 \text{ mm}} = \underline{193{,}1 \cdot 10^3 \text{ mm}^3}$$

$$W_y = \frac{I_y}{e_y} = \frac{858 \cdot 10^3 \text{ mm}^4}{46{,}33 \text{ mm}} = \underline{18{,}52 \cdot 10 \text{ mm}^3}$$

Ermittlung der vorhandenen Spannungen

Punkt I

$$\sigma_v = \sigma_{bx1} + \sigma_{by2} + \sigma_z$$

$$\sigma_v = 21{,}2 \text{ N/mm}^2 + 10{,}1 \text{ N/mm}^2 + 1{,}7 \text{ N/mm}^2$$

$$\underline{\underline{\sigma_v = 33 \text{ N/mm}^2}} \text{ Zugspannung}$$

$$\sigma_{bx1} = \frac{F_y l}{2 W_x} = \frac{43 \text{ kN} \cdot 190 \text{ mm}}{2 \cdot 193{,}1 \cdot 10^3 \text{ mm}^3}$$

$$\underline{\sigma_{bx1} = 21{,}2 \text{ N/mm}^2}$$

Punkt II

$$\sigma_v = \sigma_{by1} - \sigma_{bx2} - \sigma_z$$

$$\sigma_v = 31{,}8 \text{ N/mm}^2 - 10{,}2 \text{ N/mm}^2 - 1{,}7 \text{ N/mm}^2$$

$$\underline{\underline{\sigma_v = 19{,}9 \text{ N/mm}^2}} \text{ Druckspannung}$$

$$\sigma_{bx2} = \frac{\sigma_{bx1} e_{x1}}{e_x} = \frac{21{,}2 \text{ N/mm}^2 \cdot 84 \text{ mm}}{174 \text{ mm}}$$

$$\underline{\sigma_{bx2} = 10{,}2 \text{ N/mm}^2}$$

$$\sigma_{by1} = \frac{F_z l}{W_y} = \frac{3{,}1 \text{ kN} \cdot 190 \text{ mm}}{18{,}52 \cdot 10^3 \text{ mm}^3}$$

$$\underline{\sigma_{by1} = 31{,}8 \text{ N/mm}^2}$$

Punkt III

$$\sigma_v = \sigma_{bx2} + \sigma_{by1} - \sigma_z$$

$$\sigma_v = 10{,}2 \text{ N/mm}^2 + 31{,}8 \text{ N/mm}^2 - 1{,}7 \text{ N/mm}^2$$

$$\underline{\underline{\sigma_v = 40{,}3 \text{ N/mm}^2}} \text{ Druckspannung}$$

$$\sigma_{by2} = \frac{\sigma_{by1} e_{y1}}{e_y} = \frac{31{,}8 \text{ N/mm}^2 \cdot 14{,}67 \text{ mm}}{46{,}33 \text{ mm}}$$

$$\underline{\sigma_{by2} = 10{,}1 \text{ N/mm}^2}$$

Punkt IV

$$\sigma_v = \sigma_{bx1} - \sigma_{by2} - \sigma_z$$

$$\sigma_v = 21{,}2 \text{ N/mm}^2 - 10{,}1 \text{ N/mm}^2 - 1{,}7 \text{ N/mm}^2$$

$$\underline{\underline{\sigma_v = 9{,}4 \text{ N/mm}^2}} \text{ Druckspannung}$$

$$\sigma_z = \frac{F_x}{2A} = \frac{11{,}5 \text{ kN}}{2 \cdot 3472 \text{ mm}^2}$$

$$\underline{\sigma_z = 1{,}7 \text{ N/mm}^2}$$

Ermittlung der zulässigen Spannung

$$\sigma_{b\,zul} = \frac{\sigma_D\, b_1\, b_2}{\nu}$$

$$\sigma_{b\,zul} = \frac{340\ \text{N/mm}^2 \cdot 0{,}7 \cdot 0{,}5}{2}$$

$$\underline{\underline{\sigma_{b\,zul} = 59{,}5\ \text{N/mm}^2}}$$

Dauerfestigkeit $\underline{\sigma_D = 340\ \text{N/mm}^2}$ für St-37

Minderungsbeiwert $\underline{b_1 = 0{,}7}$ für umlaufende Flachkehlnaht

Gütebeiwert $\underline{b_2 = 0{,}5}$ für Güteklasse III

Sicherheit $\underline{\nu = 2}$

Die höchste Vergleichsspannung in Punkt III, $\sigma_v = 40{,}3\ \text{N/mm}^2$, ist kleiner als die zulässige Spannung.

Anhang

Hinweis zur Zahnradberechnung

Die Zahnradberechnung erfolgt nach DIN 3990 (1970). Entsprechend der Aussagen in DIN 3990 Blatt 1 in der Anmerkung auf der Seite 4 und den Schlußfolgerungen in den letzten Absätzen der Abschnitte 6.3 und 7.4 auf den Seiten 6 und 7 werden der Betriebsfaktor K_I für die äußeren dynamischen Zusatzkräfte, der Dynamikfaktor K_v für die inneren dynamischen Zusatzkräfte, die Breitenlastverteilungsfaktoren $K_{F\beta}$ und $K_{H\beta}$, der Rauheitsfaktor Z_R und der Geschwindigkeitsfaktor Z_v zu zwei Faktoren zusammengefaßt. Für die Berechnung wird bei jedem Projekt ein Betriebsfaktor c_{SG} für die Materialermüdung (Grübchenbildung) und ein weiterer Betriebsfaktor c_{SB} für die Dauerfestigkeitsberechnung (Zahnfußbruch) angegeben. Für die Fußausrundung der Zähne wird der Radius $r = 0{,}25\ m_n$ gewählt. Damit wird der Kerbfaktor $Y_S = 1$. Auch die Größenfaktoren K_{FX} und K_{HX} werden – wie allgemein üblich – gleich 1 gesetzt.

Auf die Berechnung der „Gleit-Verschleiß-Tragfähigkeit" und der „Freß-Verschleiß-Tragfähigkeit" wird verzichtet, da über den Einfluß von Schmierstoff, Gleitgeschwindigkeit, Oberflächenbeschaffenheit usw. noch keine allgemein anerkannten Unterlagen vorliegen.[1])

Die in DIN 3990 aufgeführten Berechnungsgleichungen (13) und (17) werden in folgender Form verwendet:

$$\sigma_{F\,lim} \geqslant S_{F\,min} \frac{F_{t\,max}}{b m_n} Y_F\, Y_\beta\, K_{F\alpha}\, Y_\epsilon$$

$$\sigma_{H\,lim} \geqslant S_{H\,min} \sqrt{\frac{F_{tH}}{b d_1} \cdot \frac{u+1}{u} \cdot \frac{Z_M Z_H}{K_L}}\ Z_\epsilon \sqrt{K_{H\alpha}}$$

Bei Überschlagsrechnungen oder relativ grober Verzahnung (etwa ab 8. Qualität) wird der Hilfsfaktor für die Ermittlung der Stirnlastverteilungsfaktoren $q_L = 1$ gesetzt. Dann ist das Produkt $K_{F\alpha}\, Y_\epsilon = 1$ und ebenfalls das Produkt $Z_\epsilon \sqrt{K_{H\alpha}} = 1$. Es kann also vereinfacht mit folgenden Gleichungen gerechnet werden:

$$\sigma_{F\,lim} \geqslant S_{F\,min} \frac{F_{t\,max}}{b m_n} Y_F\, Y_\beta$$

$$\sigma_{H\,lim} \geqslant S_{H\,min} \sqrt{\frac{F_{tH}}{b d_1} \cdot \frac{u+1}{u} \cdot \frac{Z_M Z_H}{K_L}}$$

$$F_{t\,max} = K_I K_v K_{F\beta} F_t$$

$$F_{t\,max} = c_{SB} F_t$$

$$F_{t\,max} = \frac{2 M_{t\,max}}{d_1}$$

$$Y_S = 1$$

$$F_{FX} = 1$$

$$K_{HX} = 1$$

$$F_{tH} = \frac{K_I K_v K_{H\beta}}{Z_v^2 Z_R^2} F_t$$

$$F_{tH} = c_{SG} F_t$$

$$F_{tH} = \frac{c_{SG} F_{t\,max}}{c_{SB}}$$

---

[1]) vgl. Niemann, G.; Richter, W.: Versuche zur Zahnflankentragfähigkeit.
VII. Einfluß der Schmierung auf die Zahnflankentragfähigkeit. Konstruktion 12 (1960) Nr. 8, S. 319/21.

Literaturverzeichnis

Fachbücher

Böge, A.: Mechanik und Festigkeitslehre, Vieweg-Verlag, Braunschweig
Bruins/Dräger: Werkzeuge und Werkzeugmaschinen Teil 2, Hanser-Verlag, München
Decker, K. H.: Maschinenelemente, Hanser-Verlag, München
Ernst, H.: Hebezeuge Band I und II, Vieweg-Verlag, Braunschweig
Europa-Tabellenbuch für Metall: Verlag-Europa-Lehrmittel, Wuppertal
Haeder, W.: Konstruieren und Rechnen, R. C. Schmidt-Verlag, Braunschweig
Hähnchen, R.: Gegossene Maschinenteile, Hanser-Verlag, München
Junker/Blume: Neue Wege einer systematischen Schraubenberechnung, Tritsch-Verlag, Düsseldorf
Klein, M.: Einführung in die DIN-Normen, Teubner-Verlag, Stuttgart
Köhler/Rögnitz: Maschinenteile Band 1 und 2, Teubner-Verlag, Stuttgart
Niemann, G.: Maschinenelemente Band 1 und 2, Springer-Verlag, Berlin
Roloff/Matek: Maschinenelemente, Vieweg-Verlag, Braunschweig
Zimmermann/Rittinghaus: Mechanik-Aufgaben 2, Schroedel-Verlag, Hannover

Fachaufsätze

Eckhart, G.: Schwenkmotoren, erschienen in KEM, September 1976, Konradin-Verlag
Labahn, D.: Kleinmotoren in Theorie und Praxis, herausgegeben von der Firma Siemens

Normen

DIN 655 Drahtseile
DIN 15020 Grundsätze für Seiltriebe
DIN 15061 und 15062 Seilrollen
DIN 3990 Tragfähigkeitsberechnung von Stirn- und Kegelrädern
DIN-Taschenbuch 44, Normen über Hebezeuge

Kataloge

FAG: Wälzlagerkatalog und die Gestaltung von Wälzlagerungen
INA: Einbaubeispiele für INA Wälzlager
SKF: Wälzlagerkatalog, Nadellagerkatalog und Lagerungsbeispiele
Simrit: Radial-Wellendichtungen
Erhard: 0-Ringklappe
Kracht: Hydraulische Schwenkantriebe für Butterfly-Ventile